现代建筑工程项目管理创新研究

张鹏飞　马小光　张德刚　著

吉林科学技术出版社

图书在版编目（CIP）数据

现代建筑工程项目管理创新研究 / 张鹏飞，马小光，张德刚著．-- 长春 : 吉林科学技术出版社，2024．6．

ISBN 978-7-5744-1430-3

Ⅰ．TU71

中国国家版本馆 CIP 数据核字第 2024GV3582 号

现代建筑工程项目管理创新研究

著　　　张鹏飞　马小光　张德刚
出 版 人　宛　霞
责任编辑　靳雅帅
封面设计　树人教育
制　　版　树人教育
幅面尺寸　185mm×260mm
开　　本　16
字　　数　320 千字
印　　张　14.625
印　　数　1~1500 册
版　　次　2024 年 6 月第 1 版
印　　次　2024 年10月第 1 次印刷

出　　版　吉林科学技术出版社
发　　行　吉林科学技术出版社
地　　址　长春市福祉大路5788 号出版大厦A 座
邮　　编　130118
发行部电话/传真　0431-81629529 81629530 81629531
81629532 81629533 81629534
储运部电话　0431-86059116
编辑部电话　0431-81629510
印　　刷　廊坊市印艺阁数字科技有限公司

书　　号　ISBN 978-7-5744-1430-3
定　　价　90.00元

前　言

建筑工程项目管理是建筑工程项目建设施工质量、施工安全以及施工进度控制的主要措施，是建筑施工企业与建设单位能够获得良好经济效益和社会名誉的基础和关键所在。随着社会的不断发展和科技的飞速进步，建筑工程项目管理在现代社会中变得愈发复杂而关键。建筑工程作为基础设施和城市发展的推动力，其管理不仅关系到工程进度和质量，而且影响到社会、经济和环境的可持续发展。在这一背景下，现代建筑工程项目管理的创新研究成为迫切的需求。

本书着眼于现代建筑工程项目管理领域，旨在探讨和推动管理方法、技术和理念的创新，以适应不断变化的社会和市场需求。传统的建筑工程项目管理已难以满足当今快节奏、多变化的建筑环境，因此创新势在必行。本书从项目管理概述入手，介绍了建筑工程项目管理以及建设工程项目管理程序与制度，并详细分析了建筑工程项目资源管理与优化创新、建筑工程项目成本管理与优化创新、建筑工程项目进度管理与优化创新、建筑工程项目质量管理与优化创新、建筑工程环境管理与优化创新、建筑工程项目安全管理与优化创新、建筑工程项目风险管理与优化创新以及建筑工程项目信息管理与优化创新等内容

在著作本书的过程中，作者查阅了大量的文献资料，在此对相关文献资料的作者给予真诚的感谢。另外，由于笔者时间和精力有限，书中难免会存在不妥之处，敬请广大读者和各位同行予以批评指正。

目录

第一章　项目管理概述

第一节　项目管理的历史

一、项目管理的起源

“项目”其实很早之前就已经存在了，只是那时没有用项目这个称呼而已。中国作为世界文明古国之一，有着很多伟大的项目，像秦始皇时期修建的长城、战国时期修建的都江堰、河北的赵州桥、北京的故宫，都是我国历史上大型复杂项目的典范。当时如果没有对这些项目进行系统的规划管理，是很难取得成功的。

不过，人们认识到项目管理是从第二次世界大战后期开始的。当时战争需要新式武器，探测需要雷达等设备，这些以前从未接触的任务开始接踵而来。这些任务不仅技术复杂，时间要求紧迫，而且参与的人员众多。于是人们开始关注怎样有效地利用项目管理来实现既定的目标，由此“项目管理”开始被大家所认识。

项目管理最早起源于美国。1917 年，亨利 · 劳伦斯 · 甘特发明了著名的甘特图，又称横道图、条状图。该图通过活动列表和时间刻度来表示出特定项目的顺序和持续时间，项目经理按日历制作任务图表，用于日常的工作安排。这种图表直观而有效，便于监督和控制项目的进展，直到现在依然是项目管理尤其是建筑项目管理的常用方法。

不过甘特图很难展示工作环节中的逻辑关系。如果关系过多，纷繁芜杂的线图必将增加甘特图的阅读难度，所以它不适合大型项目的管理。

现代项目管理开始于 20 世纪 40 年代。当时的典型案例就是 1942 年美国军方研制原子弹的曼哈顿计划。该项目团队规模达到 10 多万人，耗时 3 年，花费了 20 亿美元，最后取得了圆满的成功。在曼哈顿计划中，因为应用了系统工程的思路和方法，大大缩短了工程所需的时间。

到了20世纪五六十年代，项目管理开始成熟起来。

美国的路易斯维化工厂，因为生产的特殊性，必须昼夜不停地连续运转。如果要检修的话，必须全面停工进行检查，而且通常每次都需要125个小时。1957年，他们把检修流程进行精细化分解，发现如果采用不同的路线则需要检修的总时间是不一样的。缩短最长路线上工序的工期，则可以缩短整个检修过程所需要的时间。后来他们经过不断优化，最后只用了78个小时就完成了检修工作，节省了38%的时间。现在一些项目管理者还在用这种时间管理技术，也是“关键路径法”，简称为CPM。

PERT出现在1958年。与CPM的不同之处在于，PERT中作业时间是不确定的，也并不在乎项目的费用和成本，主要强调对时间的控制。通常PERT主要应用在含有大量不确定因素的大规模开发研究项目中。当时美国海军在研制北极星导弹项目，为每个项目估计了一个悲观的、一个乐观的和一个最可能情况下的工期，在关键路径技术的基础上，又用“三值加权”的方法进行计划编排，最后只用了4年的时间就完成了原定6年完成的项目，节省时间达到了33%以上。

二、项目管理的发展

20世纪60年代，项目管理的应用范围仅限于建筑、国防和航天等少数领域。不过在阿波罗计划中，组织管理过程中采取了项目管理的方法和步骤，将整个计划由上而下逐级分解成项目、系统、分系统、任务、分任务等六个层次，并采用了“三值加权平均”“关键路径法”等项目管理方法。

后来阿波罗计划的成功让项目管理风靡全球，很多人开始对项目管理产生了浓厚的兴趣，并逐渐形成了两大项目管理的研究体系，一个是以欧洲为首的体系——国际项目管理协会（IPMA）；另一个是以美国为首的体系——美国项目管理协会（PMI）。经过多年发展，这两个协会为推动国际项目管理现代化发挥了积极的作用。自此，项目管理开始有了科学的系统的方法。

到了20世纪70年代，项目管理的应用也从传统的军事、航天、建筑等领域开始拓展到石化、电力、水利等各个行业，项目管理成为政府和大企业的一个重要管理工具。随着信息技术的快速发展，现代项目管理的知识体系和职业开始逐渐成形。

1975年，英国Simpact Systems公司推出PROMPT2（项目资源组织管理计划技术）。

1976年，在PMI的会议上，推出了PMBOK的雏形。1981年，PMI组委会批准了建立项目管理标准的项目。1983年，该项目组发表了第一份报告，将项目管理的基本内容划分为范围管理、成本管理、时间管理、质量管理、人力资源管理和沟通管理6个领域。

1984 年，PMI 组委会批准了第二个关于进一步开发项目管理标准的项目，该小组在 1987 年发表了题为《项目管理知识体系》的文章，推出项目管理知识体系 PMBOK 和基于 PMBOK 的项目管理专业证书 PMP 两项创新。这是项目管理的又一个里程碑。

因此，项目管理专家们把 20 世纪 80 年代以前的项目管理称为“传统项目管理”阶段，把 20 世纪 80 年代以后的项目管理称为“现代项目管理”阶段。

进入 20 世纪 90 年代，项目管理开始运用在一些新兴产业，如通信、软件、信息、金融、医药等领域开始迅速发展起来。

1996 年，在英、法、德、瑞四个国家项目管理专业人员认证标准基础上，IPMA 提出国际项目管理专业人员能力基准 ICB。

PMI 制定的项目管理方法得到全球公认，PMI 也已经成为全球项目管理的权威机构，其组织的项目管理资格认证考试（PMP）也已经成为项目管理领域的权威认证。

2006 年，IPMA 在总结 40 多个会员国过去多年认证经验的基础上，推出了 ICB3.0，并从技术范畴、行为范畴以及环境范畴中挑选出 46 个项目管理能力要素。

三、我国项目管理的发展历程

我国的项目管理开始于 20 世纪 60 年代，由数学家华罗庚引进 PERT 技术、网络计划技术，并结合我国的“统筹兼顾，全面安排”的指导思想，将这项技术称为“统筹学”。

1984 年的鲁布革水电站项目，是我国第一次运用项目管理进行建设的水利工程项目。这次项目管理大大缩短了工期，降低了项目造价，取得了明显的经济效益。

1991 年，我国成立了项目管理研究委员会（Project Management Research Committee，China，简称 PMRC），出版了《项目管理》刊物并建立了许多项目管理网站，推动了我国项目管理的研究和应用。PMRC 的成立是我国项目管理学科体系走向成熟的标志。

2001 年 7 月，PMRC 推出了第 1 版 C-PMBOK。

2002 年，建设部《建设工程施工项目管理规范》（建标〔2002〕12 号）文件颁布执行。此《规范》的出台，标志着我国工程项目管理已进入一个新的阶段。

2006 年 10 月，我国 PMRC 推出了 C-PMBOK 第 2 版。

美国 Fortune 杂志曾预言，项目管理将是 21 世纪的首选职业。现在项目管理发展之快已超出了人们的想象，未来项目管理必将成为企业发展的助跑器。

第二节　项目管理的定义

一、项目的定义

项目存在于我们生活的方方面面。开发一项新产品是一个项目，计划一次徒步旅游也是一个项目；策划一场大型国际会议是一个项目，组织一次婚礼也是一个项目。小到召开一次会议，大到举办国际瞩目的奥运会都可以成为项目，项目已经成为我们日常生活的一部分。

美国项目管理协会（Project Management Institute，PMI）在其出版的《项目管理知识体系指南》（Project Management Body of Knowledge，PMBOK）一书中是这样定义项目的：项目是为创造独特的产品、服务或成果而进行的临时性工作。

《中国项目管理知识体系纲要》中对项目的定义是：项目是为完成一个唯一的产品或服务的一种一次性努力，这说明项目是为了生成一种唯一的产品、服务或者结果而投入的临时性努力。

对于项目定义的理解，应该注意以下三个方面。

1. 一次性

每个项目都是特定的、不可逆的过程，并且与时间有关，具有确定的开始时间和结束时间。

2. 特定的产品和服务

每一个项目在特定计划内都有必须完成的具体目标。任何产品或服务，总以一些显著的方式区别于其他任何类别的产品和服务。没有两个完全相同的项目，每个项目都是唯一的。

3. 努力

任何项目都会受到约束，实现项目的目标往往有一定难度，所以通常需要多个组织的共同参与和努力。以建筑工程项目为例，由于每个参与公司的工作性质不同、任务不同、利益不同，就会产生不同类型的建筑工程项目管理。有项目主持方项目管理（OPM）、设计方项目管理（DPM）、施工方项目管理（CPM）和材料设备项目管理（SPM）等。

想要达成项目的目标，往往受到一些条件的限制，可以利用的资源也是有限的，不同利益项目的参与方也需要进行协调和控制，所以必须对项目进行管理。想管理好项目，我们要先了解一下项目的特点。

1. 普遍性

随着经济的发展，“项目”一词已经随处都能听到，在外吃个饭都能听到旁边人在高谈阔论一个“好项目”。项目的普遍性导致项目管理也具有普遍性，可以说任何一个项目都离不开项目管理。

2. 一次性

这是项目与其他重复性操作最大的区别。每个项目都有明确的起止时间，没有可以完全照搬的项目，也不存在完全相同的复制。项目的这个特性衍生出它的其他属性。

3. 独特性

每个项目都是独特的，其提供的产品或者服务都有自身的特点，虽然可能会与其他项目类似，但是由于时间、地点、内部及外部环境、自然和社会条件不同，导致每个项目的过程都是独一无二的。

4. 冲突性

大多项目都是复杂的，可能需要多个部门成员的共同协作，他们会为了资源和人员的配备而相互竞争。随着项目的发展，不同项目之间也会为了资源而进行竞争。所以项目团队的成员总是处在冲突之中，不停地为了解决项目问题而争夺资源和领导权。因此，要想管理好项目就必须解决好冲突。

5. 目的性

项目管理有确定的目标需要，在规定的时间内完成可交付的成果，要想使项目在不浪费的前提下达成既定目标，就必须对项目进行管理。

6. 制约性

任何项目都是在一定条件下进行的，有人力的约束、时间的约束、成本的约束、质量的约束、环境的约束等。尤其是时间、进度、质量和费用是必须进行约束的，只有进行必要的约束，项目才能更好地完成。

二、项目管理的定义

我们很难用一句话给项目管理下一个定义，美国项目管理协会（Project Management Institute，PMI）在其出版的《项目管理知识体系指南》（*Project Management Body of Knowledge*，*PMBOK*）一书中是这样定义项目管理的：“项目管理就是指把各种系统、方法和人员结合在一起，在规定的时间、预算和质量目标范围内完成项目的各项工作，有效的项目管理是指在规定用来实现具体目标和指标的时间内，对组织机构资源进行计划、引导和控制工作。”

项目管理是管理学的一个分支学科，从字面上解释就是“对项目进行管理”，不过这只是最初的概念。随着项目的实践和发展，项目管理也得到了充实和发展，现在我们所说的项目管理指的是项目的管理者，在有限的资源约束下，运用系统的观点、方法和理论，对项目涉及的全部工作进行高效的管理。即从项目的投资决策开始直到项目结束的全过程，进行计划、组织、指挥、协调、控制和评价，以实现项目的目标。

如果按照传统的做法，当企业设定一个项目后，财务部、市场部、行政部等部门都会参与到这个项目之中，这将不可避免地产生矛盾，协调不好这些矛盾无疑会增加项目的成本，进而影响项目实施的效率。

如果采用项目管理的做法，则从不同的职能部门抽调出成员组成一个新的团队，这个团队专门针对这个项目进行工作。项目经理是这个团队的领导者，肩负着领导团员准时、优质地完成全部工作的重任，在不超出预算额的情况下实现项目的目标。

项目管理要求项目管理者参与项目的全过程，并且在时间、成本、质量、风险、合同、采购、人力资源等各个方面对项目进行全方位的管理。所以项目管理可以帮助企业处理一些需要跨领域解决的复杂问题，还能实现更高的运营效率。

项目管理具有以下几个方面的特点。

1. 普遍性

项目的普遍性决定了项目管理的普遍性。

2. 目标性

项目管理的最终目的是达到或者超出项目的预期目标，通过对项目起始过程、计划过程、组织过程、控制过程和结束过程的管理，最终让项目实现预期目标。

3. 独特性

因为每个项目都具有独特性，所以项目管理也具有独特性。项目管理是根据其独特性特点的管理方法、手段和工具及管理的目标性，来开展管理具有独特性特点的项目。

4. 综合与集成性

在复杂项目管理中，必须要对项目所有构成要素、全部利益集团、各方团队等各种资源要求，进行综合、集成和优化的科学配置及管理，其管理是综合性与集成性的管理。

5. 创新性。每个项目都具有创新性的特点，所以项目管理也需要根据项目创新性的特点而开展创新性的管理。此外，项目管理本身也需要根据时代和大环境的改变而与时俱进，才能实现有效的管理。

6. 组织性

一个项目需要团队成员共同努力、团结协作、有效沟通和技术合作，才能完成目标。一个良好的组织氛围，能使团队齐心协力地实现项目管理的预期目标。

7. 过程和整体性

项目由各子项、工作包和项目活动等层级构成，项目管理工作也要针对各子项、工作包和项目活动展开，其具有项目管理的过程性特点。同时，项目管理还要兼顾项目的整体性，通过对项目的整体把握、合理规划和组织协调，实现项目管理的过程性和整体性的统一。

8. 变更性

之前制订的项目管理的内容和措施，在项目管理的实施中往往会有偏差，为了促使项目管理接近事实情况，需要对项目管理做出变更。

在项目管理的过程中，我们要熟练地掌握和了解这些特点，以便灵活运用，使理论和实践完美结合起来，以确保完成项目的预期目标，实现管理的最终目标——“财富最大化”。

第三节 项目管理的过程和内容

一、项目管理的五个主要过程

项目经理要全面掌握项目管理的五个主要过程，并重点把握系统管理的观念，注重五个不同阶段的重点，做好项目管理工作。

项目管理的五个过程：启动、计划、实施、控制与收尾。在项目的启动过程中，要注意组织环境及项目相关人员的分析，方便后续工作的开展。在后面的过程中，项目经理要抓好项目的控制，在要求的时间、成本和质量限度内达到双方都满意的项目范围。

1. 项目的启动过程

明确并核准项目或项目阶段。

项目的启动阶段非常重要，这是对新的项目识别与开始的过程，是决定是否进行投资，以及投资什么项目的关键阶段。如果在这个过程中决策失误则可能引起巨大的损失。重视项目启动过程，是保证项目能够成功的首要步骤。

项目启动过程的主要任务是对项目进行可行性研究与分析，这里主要以商业目标为核心，而不是以技术为核心。这是项目的宗旨，不管领导关心与否，都应围绕明确的商业目标来展开，以实现商业预期利润分析为重点，并提供科学合理的评价方法，方便以后能对其进行评估。

项目启动过程的常见输出结果有项目章程、任命项目经理、确定约束条件与假设条件等。

2. 项目的计划过程

确定和细化目标，并为实现项目目标和完成项目要解决的问题范围而规划必要的行动路线。

项目计划过程是项目实施过程中一个非常重要的过程。在这个过程中，通过对项目的范围、任务分解、资源分析等制订出一个科学合理的计划，使项目团队的工作开始有序地开展起来。

因为有了计划，项目在实施过程中就有了参考，通过对计划的不断修订和完善，让后面的计划更加符合实际，使得该项目得以顺利完成。有人可能认为计划应该是准确的，是不能更改的，以后的进展必须根据计划来进行。其实计划只是管理的一种手段，通过这种方式，使项目的资源配置、时间分配更为科学合理而已，在具体的实际执行过程中，计划是可以不断修改的。

在不同知识领域会有不同的计划，计划要根据项目的实际情况来编制。项目计划中的常见输出是：项目计划、范围说明书、工作分解结构、活动清单、网络图、进度计划、资源计划、成本估计、质量计划、风险计划、沟通计划、采购计划等。

3. 项目的实施过程

协调人与其他资源以实施项目管理计划。

项目的实施，一般指项目的主体内容执行的过程，不过也包括项目的前期工作，所以在具体的实施过程中要注意范围变更、记录项目信息，并及时鼓励项目组成员去努力完成项目，在开头与收尾过程中，要强调实施的重点内容，像正式验收项目范围等。

在项目实施中，最主要是对项目信息的沟通，要及时提交项目进展信息，以项目报告的方式定期跟进项目进度，这样有利于控制项目的质量。

4. 项目的控制过程

定期测量并监控绩效情况，发现偏离项目管理计划之处，要采取纠正措施来实现项目的目标。

对项目管理过程的控制，有利于项目达到既定的目标方向，并及时发现偏差并采取纠正措施，使得项目向目标不断前进。

在控制过程中可以根据之前的计划行事，也可以修改计划使它更加符合现状。不过修改计划的前提是让项目更加符合期望的目标。这个过程控制的重点主要有：范围变更、质量标准、状态报告及风险应对。

如果能处理好以上四个方面的控制，那么项目的控制任务大体上就能完成了。

5. 项目的收尾过程

正式验收产品、服务或成果，并有条不紊地结束项目或项目阶段。

一个正式而有效的收尾过程，可以让当前的项目产生完整的文档，这不仅是对项目直接干系人的一个交代，而且对未来项目工作来说也是一笔财富。一个项目经理往往只重视项目的开始与过程，却忽视了项目收尾工作，这说明项目管理水平还需要得到提高。对于一些没有成功的项目，收尾工作会更难、更重要，因为这个项目的最大价值就是失败的教训，所以要通过收尾工作将其提炼出来。

通常，项目收尾工作包括对最终产品的验收、形成项目档案、吸取的教训等内容。此外还包括对项目相关人员要做一个合理的安排，这是常常容易被忽视的地方，只是把人简单地打发回去不是最好的处理办法，这是对项目组成员的不负责任。

要根据项目的大小来决定项目的收尾形式，可以用发布会、表彰会、公布绩效评估等手段来进行。如果在项目结尾时还能对项目进行收尾审计，那就最好了。

二、项目管理的内容

早期的项目管理，只重视项目的成本和进度，后来又扩张到对质量的关注。经过几十年的发展，现在项目管理已经涵盖了 5 个具体过程、9 大知识体系的单独学科分支（见图 1-1）。下面简单介绍一下项目管理的内容。

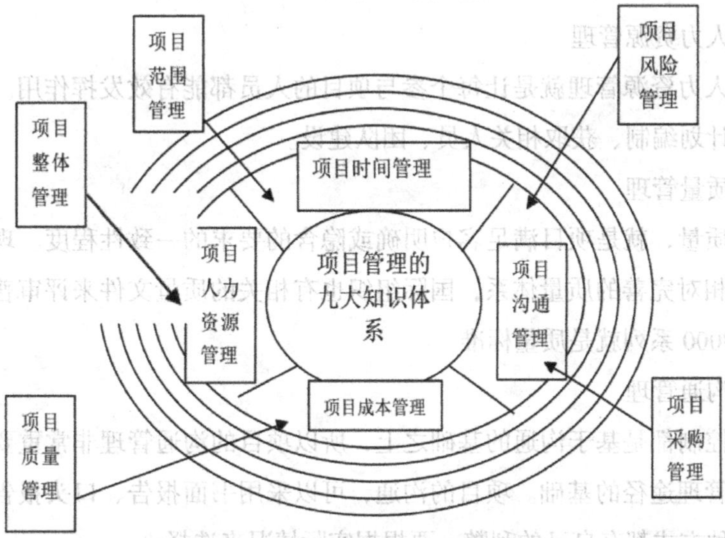

图 1–1　项目管理的 9 大知识体系

1. 项目整体管理

项目整体管理是项目管理中一项综合性和全局性的管理工作，综合运用了其他八个领域的知识，合理集成与平衡整个项目中各要素之间的关系，是保证项目成功完成的关键。项目的整体管理包括：项目计划制定、项目计划执行及整体变更控制三个主要过程。

2. 项目范围管理

如果一个项目的范围不确定，则会导致项目范围不断扩大，所以项目经理在项目开始时，要对项目范围有清晰明确的认识，并能拿出成员都认可的范围说明文档——项目章程。为了保障项目的实施，明确项目组各个成员的工作职责，项目经理还需要对项目范围进行分解，使之成为更小的项目任务包——工作分解结构（WBS）。

3. 项目时间管理

项目的时间管理，就是确保项目能按期完成的过程。要先制定出项目的进度计划，然后根据计划检查、计划进度与实际完成情况间的差距，及时做出资源和工作内容的调整，以确保项目进度的实现。

4. 项目成本管理

在成本管理方面要求项目经理努力减少和控制成本，满足项目干系人的期望。这个过程包括：资源计划、成本估算、成本预算、成本控制。成本管理中涉及了很多财务管理的知识，作为项目经理要熟知并理解。

5. 项目人力资源管理

项目的人力资源管理就是让每个参与项目的人员都能有效发挥作用。其主要内容包括：组织计划编制、获取相关人员、团队建设。

6. 项目质量管理

项目的质量，就是项目满足客户明确或隐含的要求的一致性程度。现代质量管理已经建立起相对完善的质量体系，国际组织也有相关的质量文件来评审普通的生产质量，如 ISO9000 系列就是质量标准。

7. 项目沟通管理

所有的控制都是基于沟通的基础之上，所以项目的沟通管理非常重要，是项目经理实施其他管理途径的基础。项目的沟通，可以采用书面报告、口头报告或非正式的交流，每一种方式都有自己的利弊，要根据实际情况来选择。

当沟通对象增加后，沟通的复杂程度也随之增加，所以沟通要选择适当的工具和手段来提高沟通的效率，要尽量减少和避免那些无效的沟通。

8. 项目风险管理

在项目进行中，项目的风险管理能有效避免风险的发生；当风险发生时，项目的风险管理能帮助我们用正确的心态去面对已经发生的风险，不至于面对风险而手足无措。一些项目的失败，就是因为在风险发生时，项目干系人心理受到伤害，导致其失去正确判断的能力，进而做出了错误的决策。

9. 项目采购管理

采购就是从外界获得产品或服务。现在很多企业都离不开采购管理，能否做好采购管理是保证项目成功的重点内容。有效的采购管理包括编制合理有效的采购计划、编制询价计划，询价、开标、管理、收尾过程。

在整个采购过程中，容易忽视两个过程：一是采购计划，二是合同收尾。采购计划的编制，是采购管理整体按需求进行的前提，如果这一步做不好，其他都是白费劲。而在采购的合同收尾过程中，最容易忘记或做不到的就是采购审计。

第四节 项目管理的分类和发展趋势

一、项目管理的分类

项目管理本身属于项目管理工程这一大类，项目管理工程主要包括：开发管理（DM）、项目管理（PM）、设施管理（FM）以及建筑信息模型（BIM）四类。

根据不同的运用领域，可将项目管理划分为：信息项目管理、工程项目管理、投资项目管理三大类。

信息项目管理是指在 IT 行业的项目管理。信息行业的企业为了攻克某一个技术或完成某一项产品，需要确定一个项目，在该项目中引入信息项目管理的程序来执行任务。

工程项目管理是指项目管理在工程类项目中的应用，像开展建筑、桥梁、园艺等工程类项目就应该使用工程项目管理。在工程项目管理中，施工版块要做到成本和进度的把控，这个版块主要使用工程项目管理软件来进行把控。

投资项目管理主要用于金融投资版块的把控，偏向于规避金融风险。

项目管理在不同的行业，有不同的称谓，也有不同的侧重点。每一个从事项目管理的人都要明白自己所在行业的特点，要有侧重点地进行管理。

二、项目管理的发展趋势

美国著名杂志《财富》预测项目经理将是21世纪年轻人首选的职业，现在项目管理已经成为全球管理的新热点，其呈现出下面三个发展特征。

三、项目管理的全球化发展

在知识与经济的全球化过程中，因为竞争的需要和信息技术的支撑，使得项目管理在全球迅速发展起来。具体表现在以下几个方面：

1. 国际的项目合作日益增多

通常，国际的合作与交流都是通过具体项目来实现的。在国际项目合作中，各国项目管理的方法、文化、观念也得到了交流与沟通。

2. 国际化的专业活动日益频繁

出于对项目管理知识体系的探讨，现在世界各地每年都会召开很多项目管理的专业学术会议，少则几百人，多则上千人，吸引着各行各业的专业人士参加。

3. 项目管理专业信息的国际共享

因为互联网的发展，一些国际组织已经在国际互联网上建起了自己的站点，一些项目管理的最新信息都可以在网上随时进行查阅。

项目管理的全球化发展给我们创造了很好的学习机遇，让我们有机会向国际化水平发展。

四、项目管理的多元化发展

人类社会的大部分活动都可以用项目来运作，随着项目的多元化，项目管理也深入到各行各业中，以不同的类型、不同的规模出现。

从行业性来说，建筑业的项目实践历史最悠久，然后是20世纪40年代美国的国防工业，继而是各行各业，现在一些高科技产业及各种社会大型活动也开始应用上了项目管理。

从项目类型方面来看，对项目管理有不同角度的理解，如宏观、微观，重点、非重点，工程、非工程，硬项目、软项目等。

因为项目类型的多样化，有的项目很大，如城市建设项目、技术改造项目；有的项目则很小，如筹办一次运动会、举办一个培训班等。所以项目管理莫衷一是，很不规范。

在项目的规模上，也出现了类似情况，项目的范围有大有小，时间有长有短，涉及的行业、专业、人员也差别很大，难度也有大有小，所以才会出现各种各样的项目管理方法。

五、项目管理的专业化学科发展

1. 项目管理知识体系（PMBOK）在不断发展和完善之中。

2. 项目管理的学历教育从本科生到研究生，非学历教育从基层项目管理人员到高层项目经理，形成了层次化的教育培训体系。

3. 对项目与项目管理的学科探索正在积极进行之中，有分析性的，也有综合性的；有原理概念性的，也有工具方法性的，种类非常丰富。

目前，国际项目管理组织正在积极筹备建立有关国际机构与论坛，以求发展全球项目管理的专业化与标准化问题。世界各国也涌现了大量关于项目管理的专业书籍，未来项目管理的发展将会更加广阔和深入。

第二章　建筑工程项目管理

第一节　建筑工程项目管理的重要性

建筑施工企业的项目管理水平是反映建筑企业管理水平高低的一个重要标志，也能够充分体现建筑企业的形象。建筑施工企业之所以要实行项目管理就是想进行全方位的管理施工活动，由此可见，项目管理的对象就是项目，工程项目管理的水平对建筑工程的整体质量产生重要影响，因此建筑施工企业在今后的发展中应当将工程的项目管理工作作为重点。

随着经济的发展和人民生活水平的不断提高，人们对建筑的要求也不断提高。建筑工程质量的好坏直接影响着人们的生命财产安全和正常的生活秩序。为了更好地保证工程项目的质量，满足人们的需要，针对我国建筑工程项目管理现状，应该树立质量管理意识，狠抓质量控制；严格划分施工阶段，实行规范化管理；加大建筑工程项目管理信息化建设投入，提高信息化水平。

（一）工程项目管理可以实现对建筑施工的进度控制

工程项目进度控制主要是为了保证工程建设的进度与目标达成一致而在施工过程中开展的一种控制工作。在项目实施之前应当制订施工进度计划，编制计划的人员应当具有前瞻性和预见性，对施工图纸和合同进行充分认识，并将安装和土建工作进行配合，与施工人员进行沟通，力争编制出科学的进度计划。为了更好地控制施工进度，可以制订出年度计划、月度计划和周计划，这样能够对整个施工实行动态管理。

（二）工程项目管理可以实现对建筑施工的成本控制

建筑工程的成本管理就是预测、计划、核算、控制、考核和分析工程项目的各项支出费用，通过采取一定的措施来降低施工成本，并改善企业的经营管理水平，使建筑施工企业的整体竞争力和实力得到提升。在施工过程中，一旦出现项目成本超支的现象，应当在第一时间查找原因，并找到合理的措施来控制成本。此外，还应当制订科学合理的施工方案，以达到降低成本和缩短工期的效果，要不断提高施工工艺标准，采用新技术和新工艺，避免对材料的浪费，从而更好地控制施工成本。

（三）工程项目管理可以实现对建筑施工的质量控制

建筑施工的一项重要目标就是保证施工的质量，只有做好项目管理工作才能更好地实现这一目标。具体来说，在施工的细节以及每一阶段都应当对施工质量进行严格把关，对容易出现质量问题的部位应当重点把握并实行有效的监督，从而减少施工的安全隐患，尽量避免此类事故的发生，减少事故率对建筑施工企业的影响，提高企业的信誉度，最终促进建筑施工企业的长远发展。

（四）工程项目管理可以实现对建筑施工的安全控制

安全控制就是分析施工过程中的不安全因素，通过加强技术和管理措施来保证施工的安全，进而保证整个建筑施工过程的安全。在这个过程中，通过公司、项目部、班组的安全教育，使新上岗人员、操作人员及相关施工人员了解施工现场及相关安全防护知识，项目部相关工作人员也要做好现场的管理工作，一旦发现安全隐患必须及时处理，并严格划分施工现场的工作区和生活区，材料要堆放整齐，从而使道路通畅。

（五）工程项目管理是建筑施工的技术支持

一个建筑工程的完成，不仅需要庞大的建筑材料支持，还需要复杂的建筑工艺支持，而这项工作就属于工程项目管理的工作范畴，它要求我们必须熟悉施工图纸，并能针对具体的施工合同要求，优化每一道工序，规划好每一部分的施工计划。此外，还要根据施工计划，及时地为施工人员进行技术培训，以保证施工的质量。

第二节 建筑工程项目管理的基本概念

一、建筑工程项目

项目是指在一定的约束条件下，具有特定的明确目标和完整的组织结构的一次性任务或活动。简单来说，安排一场演出、开发一种新产品、建一幢房子都可以称为一个项目。

建设项目是为完成依法立项的新建、改建、扩建的各类工程（土木工程、建筑工程及安装工程等）而进行的、有起止日期的、符合规定要求的由一组相互关联的受控活动组成的特定过程，包括策划、勘察、设计、采购、施工、试运行、竣工验收和移交等，有时也称为项目。

建筑工程项目是建设项目的主要组成内容，也称为建筑产品。建筑产品的最终形式为建筑物和构筑物，它除具有建设项目所有的特点以外，还具有下述特点：

（一）建筑产品的特点

（1）庞大性

建筑产品与一般的产品相比，从体积、占地面积和自重上看相当庞大，从耗用的资源品种和数量上看也是相当巨大的。

（2）固定性

建筑产品相当庞大，移动非常困难。因其为人类主要的活动场所，不仅需要舒适，而且更要满足安全、耐用等功能上的要求，这就要求其要固定地与大地连在一起，和地球一同自转和公转。

（3）多样性

建筑产品的多样性体现在功能不同、承重结构不同、建造地点不同、参与建设的人员不同、使用的材料不同上，使得建筑产品具有人一样的个性，即多样性。如按使用性质不同，建筑物可分为居住建筑、公共建筑、工业建筑和农业建筑 4 大类；根据结构的不同，建筑物一般分为砖木结构、砖混结构、钢筋混凝土结构、钢结构建筑等。

（4）持久性

建筑产品因其庞大性和建筑工艺的要求使得建造时间很长，因其是人们生活和工作的主要场所，它的使用时间更长。房屋建筑的合理使用年限短则几十年，长则上百年，有些建筑距今已有几百年的历史，但仍然完好。

（二）建筑产品施工的特点

（1）季节性

由于建筑产品的庞大性，使得整个建筑产品的建造过程受到风吹、雨淋、日晒等自然条件的影响，因此工程施工包括冬季施工、夏季施工和雨季施工等季节性施工。

（2）流动性

由于建筑产品具有固定性，就给施工生产带来了流动性。这是因为建筑的房屋是固定不动的，所需要的劳动力、材料、设备等资源均需要从不同的地点流动到建设地点。这也给建筑工人的生活、生产带来很多不便和困难。

（3）复杂性

由于建筑产品的多样性，使得建筑产品的施工应该根据不同的地质条件、不同的结构形式、不同的地域环境、不同的劳动对象、不同的劳动工具和不同的劳动者去组织实施。因此，整个建造过程相当复杂，随着工程进展，施工工作还需要不断调整。

（4）连续性

一般情况下，人们把建筑物分成基础工程、主体工程和装饰工程 3 个部分。一个功能完善的建筑产品则需要完成所有的工作步骤才能使用。另外，由于工艺上要求不能间断施工，进而使得施工过程具有一定的连续性，如混凝土的浇筑等。

（三）施工管理的特点

（1）多变性

建筑产品的建造时间长、建造地质和地域差异、环境变化、政策变化、价格变化等因素使得整个过程充满了变数和变化。

（2）广交性

在整个建筑产品的施工过程中参与的单位和部门繁多，项目管理者要与上自国家机关各部门的领导、下到施工现场的操作工人打交道，需要协调各方面和各层次之间的关系。

二、建筑工程项目管理

项目管理作为 20 世纪 50 年代发展起来的新领域，现已成为现代管理学的一个重要分支，并越来越受到关注。运用项目管理的知识和经验，可以极大地提高管理人员的工作效率。按照传统的做法，当企业设定了一个项目后，参与这个项目的至少会有几个部门，如财务部门、市场部门、行政部门等。不同部门在运作项目过程中不可避免地会产生摩擦，须进行协调，这些无疑会增加项目的成本，影响项目实施的效率。项目管理的做法则不同。不同职能部门的成员因为某一个项目而组成团队，项目经理则是项目团队的领导者，他所担负的责任就是领导他的团队准时、优质地完成全部工作，在不超出预算的情况下实现项目目标。项目的管理者不仅是项目执行者，他还参与项目的需求确定、项目选择、计划直至收尾的全过程，并在时间、成本、质量、风险、合同、采购、人力资源等各个方面对项目进行全方位的管理，因此，项目管理可以帮助企业处理需要跨领域解决的复杂问题，并实现更高的运营效率。

建设工程项目管理是组织运用系统的观点、理论和方法，对建设工程项目进行的计划、组织、指挥、协调和控制等专业化活动。而建筑工程项目管理则是针对建筑工程，在一定条件约束下，以建筑工程项目为对象，以最优实现建筑工程项目目标为目的，以建筑工程项目经理负责制为基础，以建筑工程承包合同为纽带，对建筑工程项目高效率地进行计划、组织、协调、控制和监督等系统管理活动。

三、建筑工程项目管理的周期

工程项目管理周期，是人们长期在工程建设实践、认识、再实践、再认识的过程中，对理论和实践的高度概括和总结。工程项目周期是指一个工程项目由筹划立项开始，直到项目竣工投产收回投资，实现预期目标的整个过程。

工程项目管理的周期实际就是工程项目的周期，也就是一个建设项目的建设周期。建筑工程项目管理周期相对工程项目管理周期来讲，面比较窄，但周期是一致的，当然对于不同的主体来讲周期是不同的。如作为项目发包人来说，从整个项目的投资决策到项目报废回收称为全寿命周期的项目管理，而对于项目承包人来说则是合同周期或法律规定的责任周期。

参与建筑工程项目建设管理的各方（管理主体）在工程项目建设中均存在项目管理。项目承包人受业主委托承担建设项目的勘察、设计及施工，他们有义务对建筑工程项目进行管理。一些大、中型工程项目，发包人（业主）因缺乏项目管理经验，也可委托项目管理咨询公司代为进行项目管理。

在项目建设中，业主、设计单位和施工项目承包人处于不同的地位，对同一个项目各自承担的任务不同，其项目管理的任务也是不相同的。如在费用控制方面，业主要控制整个项目建设的投资总额，而施工项目承包人考虑的是控制该项目的施工成本；在进度控制方面，业主应把握整个项目的建设进度，而设计单位主要控制设计进度，施工项目承包人控制所承包部分工程的施工进度。

四、工程项目建设管理的主体

在项目管理规范中明确了管理的主体分为项目发包人（简称发包人）和项目承包人（简称承包人）。项目发包人是按合同约定、具有项目发包主体资格和支付合同价款能力的当事人，以及取得该当事人资格的合法继承人。项目承包人是按合同约定、被发包人接受的具有项目承包主体资格的当事人，以及取得该当事人资格的合法继承人。有时承包人也可以作为发包人出现，如在项目分包过程中。

（一）项目发包人

（1）国家机关等行政部门；

（2）国内外企业；

（3）在分包活动中的原承包人。

（二）项目承包人

1. 勘察设计单位

（1）建筑专业设计院；

（2）其他设计单位（如林业勘察设计院、铁路勘察设计院、轻工勘察设计院等）。

2. 中介机构

（1）专业监理咨询机构；

（2）其他监理咨询机构。

3. 施工企业

（1）综合性施工企业（总包）；

（2）专业性施工企业（分包）。

五、建筑工程项目管理的分类

在建筑工程项目实施过程中，每个参与单位根据合同或多或少地进行了项目管理，这里的分类则是按项目管理的侧重点而分。建筑工程项目管理按管理的责任可以划分为咨询公司（项目管理公司）的项目管理、工程项目总承包方的项目管理、施工方的项目管理、业主方的项目管理、设计方的项目管理、供应商的项目管理以及建设管理部门的项目管理。在我国，目前还有采用工程指挥部代替有关部门进行的项目管理。

在工程项目建设的不同阶段，参与工程项目建设各方的管理内容及重点也各不相同。在设计阶段的工程项目管理分为项目发包人的设计管理和设计单位的设计管理两种；在施工阶段的工程管理则主要分为业主的工程项目管理、承包商的工程项目管理、监理工程师的工程项目管理。下面对工程项目管理实践中最常见的管理类型进行介绍。

（一）工程项目总承包方的项目管理

业主在项目决策后，通过招标择优选定总承包商，全面负责建设工程项目的实施全过程，直至最终交付使用功能和质量符合合同文件规定的工程项目。因此，总承包方的项目管理是贯穿于项目实施全过程的全面管理，既包括设计阶段，也包括施工安装阶段，以实现其承建工程项目的经营方针和项目管理的目标，取得预期的经营效益。显然，总承包方必须在合同条件的约束下，依靠自身的技术和管理优势，通过优化设计及施工方案，在规定的时间内，保质保量并且安全地完成工程项目的承建任务。从交易的角度看，项目业主是买方，总承包单位是卖方，因此两者的地位和利益追求是不同的。

（二）施工方（承包人）项目管理

项目承包人通过工程施工投标取得工程施工承包合同，并以施工合同所界定的工程范围组织项目管理，简称施工项目管理。从完整的意义上说，这种施工项目应该指施工总承包的完整工程项目，包括其中的土建工程施工和建筑设备工程施工安装，最终成果能形成独立使用功能的建筑产品。然而从工程项目系统分析的角度来讲，分项工程、分部工程也是构成工程项目的子系统。按子系统定义项目，既有其特定的约束条件和目标要求，而且也是一次性的任务。

因此，工程项目按专业、按部位分解发包的情况，承包方仍然可以按承包合同界定的局部施工任务作为项目管理的对象，这就是广义的施工企业的项目管理。

第三节　建筑工程项目管理的基本内容

建设工程项目管理的基本内容应包括编制项目管理规划大纲和项目管理实施规划、项目组织管理、项目进度管理、项目质量管理、项目职业健康安全管理、项目环境管理、项目成本管理、项目采购管理、项目合同管理、项目资源管理、项目信息管理、项目风险管理、项目沟通管理、项目收尾管理。

建筑工程项目是最常见、最典型的工程项目类型，建筑工程项目管理是项目管理在建筑工程项目中的具体应用。建筑工程项目管理是根据各项目管理主体的任务对以上各内容进行的细分。承包商的项目管理是对所承担的施工项目目标进行的策划、控制和协调，项目管理的任务主要集中在施工阶段，也可以向前延伸到设计阶段，向后延伸到动工前准备阶段和保修阶段。

一、施工方项目管理的内容

为了实现施工项目各阶段目标和最终目标，承包商必须加强施工项目管理工作。在投标、签订工程承包合同以后，施工项目管理的主体，便是以施工项目经理为首的项目经理部（即项目管理层）。管理的客体是具体的施工对象、施工活动及相关的劳动要素。

管理的内容包括：建立施工项目管理组织，进行施工项目管理规划，进行施工项目的目标控制，对施工项目劳动要素进行优化配置和动态管理，施工项目的组织协调，施工项目的合同管理、信息管理以及施工项目管理总结等。现将上述各项内容简述如下：

（一）建立施工项目管理组织

由企业采用适当的方式选聘称职的施工项目经理；根据施工项目组织原则，选用适当的组织形式，组建施工项目管理机构，明确责任、权限和义务；在遵守企业规章制度的前提下，根据施工项目管理的需要，制订施工项目管理制度。

（二）进行施工项目管理规划

施工项目管理规划是对施工项目管理组织、内容、方法、步骤、重点进行预测和决策，做出具体安排的纲领性文件。施工项目管理规划的内容主要有以下几方面：

（1）进行工程项目分解，形成施工对象分解体系，以便确定阶段性控制目标，从局部到整体进行施工活动和施工项目管理。

（2）建立施工项目管理工作体系，绘制施工项目管理工作体系图和施工项目管理工作信息流程图。

（3）编制施工管理规划，确定管理点，形成文件，以便于项目执行。这个文件类似于施工组织设计。

（三）进行施工项目的目标控制

施工项目的目标有阶段性目标和最终目标。实现各项目标是施工项目管理的目的，所以应当坚持以控制论原理和理论为指导，进行全过程的科学控制。施工项目的控制目标包括进度控制目标、质量控制目标、成本控制目标和安全控制目标。

由于在施工项目目标的控制过程中会不断受到各种客观因素的干扰，各种风险因素都有可能发生，故应通过组织协调和风险管理对施工项目目标进行动态控制。

（四）劳动要素管理和施工现场管理

施工项目的劳动要素是施工项目目标得以实现的保证，主要包括劳动力、材料、机械设备、资金和技术（即“5M”）。施工现场的管理对于节约材料、节省投资、保证施工进度、创建文明工地等方面都至关重要。

这部分的主要内容有以下两点：

（1）分析各劳动要素的特点；遵循一定的原则、方法对施工项目劳动要素进行优化配置，并对配置状况进行评价。

（2）对施工项目的各劳动要素进行动态管理；进行施工现场平面图设计，做好现场的调度与管理。

（五）施工项目的组织协调

组织协调为目标控制服务，其内容包括人际关系的协调、组织关系的协调、配合关系的协调、供求关系的协调、约束关系的协调。

（六）施工项目的合同管理

由于施工项目管理是在市场条件下进行的特殊交易活动的管理，这种交易活动从招标、投标工作开始，并持续于项目管理的全过程，因此必须依法签订合同，进行履约经营。合同管理体制的好坏直接涉及项目管理及工程施工的技术经济效果和目标实现。因此要从招标、投标开始，加强工程承包合同的签订、履行管理。合同管理是一项执法、守法活动，市场有国内市场和国际市场，因此合同管理势必涉及国内和国际上有关法规和合同文本、合同条件，在合同管理中应予以高度重视。为了取得经济效益，还必须重视工程索赔，讲究方法和技巧，为获取索赔提供充分的证据。

（七）施工项目的信息管理

现代化管理要依靠信息。施工项目管理是一项复杂的现代化管理活动。进行施工项目管理、施工项目目标控制、动态管理，必须依靠信息管理，而信息管理又要依靠电子计算机进行辅助。

（八）施工项目管理总结

从管理的循环来说，管理的总结阶段既是对管理计划、执行、检查阶段经验和问题的提炼，又是进行新的管理所需信息的来源，其经验可作为新的管理标准和制度，其问题有待于下一循环管理进行解决。施工项目管理由于其一次性特点，更应注意总结，依靠总结不断提高管理水平，丰富和发展工程项目管理学科。

二、业主方项目管理（建设监理）

业主方的项目管理是全过程、全方位的，包括项目实施阶段的各个环节，主要有组织协调，合同管理，信息管理，投资、质量、进度、安全4大目标控制，人们把它通俗地概括为“一协调二管理四控制”或“四控制二管理一协调”。

由于工程项目的实施是一次性的任务，因此，业主方自行进行项目管理往往具有很大的局限性。首先在技术和管理方面，缺乏配套的力量，即使配备了管理班子，没有连续的工程任务也是不经济的。在计划经济体制下，每个项目发包人都建立了一个筹建处或基建处来负责工程建设，这不符合市场经济条件下资源的优化配置和动态管理，而且也不利于建设经验的积累和应用。因此，在市场经济体制下，工程项目业主完全可以依靠发达的咨询业为其提供项目管理服务，这就是建设监理。监理单位接受工程业主的委托，提供全过程监理服务。由于建设监理的性质属于智力密集型的咨询服务，因此，它可以向前延伸到项目投资决策阶段，包括立项和可行性研究等。这是建设监理和项目管理在时间范围、实施主体和所处地位、任务目标等方面的不同之处。

三、项目相关方管理

（一）设计方项目管理

设计单位受业主委托承担工程项目的设计任务，以设计合同所界定的工作目标及其责任义务作为该项工程设计管理的对象、内容和条件，通常简称为设计项目管理。设计项目管理也就是设计单位对履行工程设计合同和实现设计单位经营方针目标而进行的设计管理。尽管其地位、作用和利益追求与项目业主不同，但它也是建设工程设计阶段项目管理的重要方面。

只有通过设计合同，依靠设计方的自主项目管理，才能贯彻业主的建设意图和实施设计阶段的投资、质量和进度控制。

（二）供货方的项目管理

从建设项目管理的系统分析角度来看，建设物资供应工作也是工程项目实施的一个子系统，它有明确的任务和目标，明确的制约条件以及项目实施子系统的内在联系。因此，制造厂、供应商同样可以将加工生产制造和供应合同所界定的任务，作为项目进行目标管理和控制，以适应建设项目总目标控制的要求。

（三）建设管理部门的项目管理

建设管理部门的项目管理就是对项目实施的可行性、合法性、政策性、方向性、规范性、计划性进行监督管理。

第四节 建筑工程项目准备工作

建筑工程项目的准备工作是为拟建工程的施工创造必要的技术、物资条件，统筹安排施工力量和布置施工现场，保障工程施工顺利进行。它是建设程序中的重要环节，不仅存在于开工前，而且贯穿整个施工过程。

一、建筑工程项目准备工作概述

（一）准备工作的重要性

现代的建筑施工是一项十分复杂的生产活动，它不但需要耗用大量人力物力，还要处理各种复杂的技术问题，也需要协调各种协作配合关系。如果事先缺乏统筹安排和准备，势必会造成某种混乱，导致施工无法正常进行。而全面、细致地做好施工准备工作，则对于调动各方面的积极因素，合理组织人力、物力，加快施工进度，提高工程质量，节约建设资金，提高经济效益，都会起到重要的作用。

任何工程开工都必须有合理的施工准备期，以便为施工创造一切必要的条件。实践证明，凡是重视施工准备工作的，积极为拟建工程创造一切施工条件，项目的施工就会顺利进行；反之，就会给项目施工带来麻烦和损失，甚至给项目施工带来灾难，其后果不堪设想。

（二）准备工作的基本任务

（1）取得工程施工的法律依据：包括城市规划、环卫、交通、电力、消防、市政、公用事业等部门批准的法律依据。

（2）通过调查研究，分析掌握工程特点、要求和关键环节。

（3）调查分析施工地区的自然条件、技术经济条件和社会生活条件。

（4）从计划、技术、物资、劳动力、设备、组织、场地等方面为施工创造必备的条件，以保证工程顺利开工和连续进行。

（5）预测可能发生的变化，提出应变措施，做好应变准备。

（三）准备工作的内容

一个建筑工地或者一个单位工程开工之前的施工准备工作，通常包括调查收集原始资料、技术资料准备、施工现场准备、物资准备、施工人员和组织准备、季节施工准备六个方面的内容。

1. 调查收集原始资料

原始资料是工程设计及施工组织设计的重要依据之一。原始资料的调查主要是对工程条件、工程环境特点和施工条件等施工技术与组织的基础资料进行调查，以此作为施工准备工作的基础。原始资料调查工作应有计划、有目的地进行，且事先要拟定明确、详细的调查提纲。调查的范围、内容、要求等，应根据拟建工程的规模、性质、复杂程度、工期及对当地熟悉了解的程度而定。

2. 技术资料准备

技术资料准备的主要内容包括熟悉和会审图纸，编制施工图预算，编制施工组织设计等。

3. 施工现场准备

施工现场准备的主要内容包括清除障碍物，搞好三通一平，测量放线，搭设临时设施。

4. 物资准备

物资准备的主要内容包括：主要材料的准备，地方材料的准备，模板、脚手架的准备，施工机械、机具的准备。

5. 施工人员、组织准备

施工人员和组织准备的主要内容包括研究施工项目组织管理模式，组建项目经理部；规划施工力量的集结与任务安排，建立健全质量管理体系和各项管理制度；完善技术检测措施；落实分包单位，审查分包单位资质，签订分包合同等。

6. 季节施工准备

其季节施工准备的主要内容包括拟订和落实冬期、雨期施工措施。每项工程施工准备工作的内容，应视该工程本身及其具备的条件而有所不同。只有根据施工项目的规划来确定准备工作的内容，并拟订具体、分阶段的施工准备工作实施计划，才能充分地为施工创造一切必要的条件。

二、建筑工程项目准备工作内容

（一）施工调查准备

1. 施工调查依据

（1）工程中标通知书。

（2）施工合同文本。

（3）初步设计文件。

（4）招标文件及投标书。

2. 施工调查目的

任何工程的实施都是由施工调查开始，施工调查的成果直接关系着后续施工，是后续施工的基础。

（1）核对设计文件，了解施工项目内容，分析施工特点。

（2）为编制项目管理策划书及施工方案提供依据。

（3）为工程的施工监理必要的技术和物质条件，统筹安排施工力量和施工现场。

3. 施工调查内容

（1）工程概况及特点

了解各个单位工程的位置、结构形式、基础类型、主要工程数量及分布情况，重难点工程结构类型、施工方案、技术难点等。

（2）地形地貌及地质构造

现场勘探，了解土壤类别、岩层分布、风化程度和工程地质状况；尤其应该注意滑坡、溶洞、严重风化软土等不良地质现象的位置及范围，或者由于环境、人为等因素产生变化的地段。当发现现场地形地貌或地质条件与设计不相符，应对发现问题及时整理，提出相应的建议、措施和方案。

（3）水文、气象资料

明确河流分布、流量、流速、洪水期、水位变化、通航情况；气温、雨量、风向、风速、大风季节、积雪厚度、冻土深度等。用于研究降低地下水位的措施，选择基础施工方案，制订水下工程施工方案，复核地面、地下排水设计，制定临时防洪措施。

（4）材料物资供应

建筑材料、燃料动力、交通工具及生产工具的供应情况，运输条件；主要材料的产地、产量、质量、价格、运距、开采及供应方式等。

（5）当地施工条件

交通、运输条件，包括工地沿线的铁路、公路、河流位置，装卸运输费用标准，民间运输能力等。

水电供应情况，包括供水的水源、水量、水质、水费等情况；电源供电的容量、电压、电费等情况。

可利用的民房、劳动力和附属辅助设施情况；土地数量、农田水利、拆迁政策等。

民族状况和分布，生活习惯和民风民情，社会治安状态，医疗卫生条件等。

（6）临时工程及机械设备

铁路便线、施工便道及便桥、供电干线等设置方案；其他设施的选址和规模；主要施工机械和设备配置方案等。

4. 施工调查报告

现场调查工作完毕，应整理好资料，由调查组负责写出施工调查报告。施工调查报告的内容如下。

（1）工程概况

工程概况具体包括工程、水文地质情况，工程分布，重点工程情况，施工的特点和难易程度，工程数量等。

（2）施工条件

施工条件具体包括工程的场地情况，沿线交通和供水、供电情况，主要材料和地方材料的供应条件，砂石料源情况，临时房屋和临时通信的解决条件等。

（3）提出相应的施工建议方案

①施工区段划分，施工队伍驻地、大小临时工程的布置。

②施工道路的布局。

③施工供水、供电网路和工地变、发电站设置。

④砂石料场选定和场地布置、运输、供应范围。

⑤重点工程施工方法及安排措施的意见。

⑥施工机具设备的配备和利用地方机械设备的意见。

⑦改善设计的建议。

⑧使用当地劳动力和向当地施工企业发包工程的意见。

（二）劳动组织准备

1. 建立工程项目领导机构

建立工程项目的领导机构应遵循以下基本原则：根据工程项目的规模、结构特点和复杂程度，确定工程项目施工的领导机构人选和名额；合理分工与密切协作相结合；把有施工经验、有创新精神、有工作效率的人选入领导机构；从施工项目管理的总目标出发，因目标设事，因事设机构定编制，按编制设岗位定人员，以职责定制度、授权力。

2. 施工队伍的组建

施工队伍的建立要认真考虑专业、工种的合理搭配，使其符合项目施工的需要，满足劳动组合优化的要求；技工、普工的比例要满足合理的劳动组织，要符合流水施工组织方式的要求；明确施工队伍的类型（是专业施工队伍，还是混合施工队伍）；要坚持合理、精干、高效的原则；人员配置要从严控制，对二三线管理人员力求一专多能、一人多职，要有利于提高劳动生产率。

对于某些专业性较强、专业技术难度较大的分部工程，有时还需要联合其他建筑队伍（称为外包施工队）共同完成施工任务。有时需利用当地劳力进行施工，这时就要注意严禁非法层层分包，专业工种工人要持证上岗，使用临时施工队伍的要进行技术考核，对达不到技术标准、质量没有保证的不得使用。

3. 建立、完善规章制度

工地的各项规章制度是否建立、健全，直接影响其各项施工活动的顺利进行。有章不循其后果是严重的，而无章可循更是危险的，为此，必须建立健全工地的各项规章制度。其规章制度分为两类：项目施工管理制度和项目组织内部工作制度。

（三）技术准备

1. 熟悉、审查施工图纸和有关的设计资料

首先要仔细审查工程，看看设计图纸的选址布局，以及建筑物的整体设计风格、结构等，是否符合国家的规划要求和城建要求。其次是技术上的问题，要审查设计是否合理，技术是否规范，标准是否能符合国家制订的有关技术规范。除了以上需要准备审查外，还需要检查设计总图和各个结构图之间，其相关数据是否保存一致，是否有矛盾的地方。

在项目的实施过程中，使得图纸的要求符合现场的实际情况和国家的技术规范要求以及行业标准，按单位工程编制单项进度计划。要使得具体的技术工艺以及流程等都需要符合业已形成的技术标准和规范。

2. 原始资料的调查分析

对设计图纸和原始数据等书面材料的掌握只是建筑施工技术准备工作的第一步，除此之外，还需要亲临现场，进行实地勘测，进行拟建工程的调查，获得有关数据的第一手资料，这对于拟定一个先进合理、切合实际的施工组织设计是非常必要的。

（1）自然条件的调查分析

建设地区自然条件的调查分析的主要内容有地区水准点和绝对标高等情况；地质构造、土的性质和类别、地基土的承载力、地震级别和裂度等情况；河流流量和水质、最高洪水和枯水期的水位等情况；地下水位的高低变化情况，含水层的厚度、流向、流量和水质等情况；气温、雨、雪、风和雷电等情况；土的冻结深度和冬雨季的期限等情况。

（2）技术经济条件的调查分析

建设地区技术经济条件的调查分析的主要内容有：地方建筑施工企业的状况，施工现场的动迁状况，当地可利用的地方材料状况，国拨材料供应状况，地方能源和交通运输状况，地方劳动力和技术水平状况，当地生活供应、教育和医疗卫生情况，当地消防、治安状况和参加施工单位的力量状况。

3. 编制施工图预算和施工预算

预算在工程项目施工过程中是非常重要的，是一项系统工程，分配企业的财务、实物及人力等资源，用以实现项目的既定目标，所以需要在施工之前编制好施工图预算。

（1）编制施工图预算

施工图预算是技术准备工作的主要组成部分之一，这是按照施工图确定的工程量、施工组织设计所拟定的施工方法、建筑工程预算定额及其取费标准，由施工单位编制的确定建筑安装工程造价的经济文件，它是施工企业签订工程承包合同、工程结算、建设银行拨付工程价款、进行成本核算、加强经营管理等方面工作的重要根据。

（2）编制施工预算

施工预算是根据施工图预算、施工图纸、施工组织设计或施工方案、施工定额等文件进行编制的，它直接受施工图预算的控制。它是施工企业内部进行经济核算的依据。

4. 编制施工组织设计

施工组织设计是施工准备工作的重要组成部分，也是指导施工现场全部生产活动的技术经济文件。建筑施工生产活动的全过程是非常复杂的物质财富再创造的过程，为了正确处理人与物、主体与辅助、工艺与设备、专业与协作、供应与消耗、生产与储存、使用与维修以及它们在空间布置、时间排列之间的关系，必须结合拟建工程的规模、结构特点和建设单位的要求，在原始资料调查分析的基础上，编制出一份能切实指导该工程全部施工活动的科学方案。

（四）物资准备

1. 建筑材料准备

根据施工图预算的材料分析、施工进度计划的使用要求、材料储备定额、材料消耗定额，按照材料名称、规格、使用时间、需要数量进行汇总，编制材料需用量计划。依据材料需用量计划组织采购、确定材料仓库面积、堆场面积、运输能力。准备工作必须根据材料需用量计划，选择、评价材料分包商，确定采购计划、交货地点、交货方式、交货价格、验收标准、结算方法，签订材料分包合同。

材料的储备应当根据施工过程分期分批使用材料的特点，按照施工进度计划分期分批进行、合理储备、严格保管和发放材料，做好防水、防潮、防火、防散落、易碎材料的保护工作。

2. 构件加工准备

根据施工图预算，编制构件的需用量计划，并确定分期分批的储备数量。准备工作必须根据其需用量计划进行选择，签订分包合同。

3. 建筑施工机具准备

施工机械设备的种类很多，应当根据施工组织设计、施工方法、施工进度计划的要求，确定施工机械设备的型号、数量、供应方法、进出场时间，编制施工机具需用量计划。

4. 周转材料准备

周转材料一般有模板、模板支架、脚手架等。根据施工组织设计、施工方法、施工进度计划的要求，确定周转材料种类、规格、数量、供应方法、进出场时间，编制周转材料需用量计划。

第三章　建设工程项目管理程序与制度

第一节　建设项目的建设程序

一、建设项目的建设程序

建设项目的建设程序，是指建设项目建设全过程中各项工作必须遵循的先后顺序。建设程序是指建设项目从设想、选择、评估、决策、设计、施工到竣工验收、投入生产整个建设过程中，各项工作必须遵循的先后次序的原则。按照建设项目发展的内在联系和发展过程，建设程序分成若干阶段，这些发展阶段有严格的先后次序，不能任意颠倒，否则就违背了它的发展规律。

在我国按现行规定，建设项目从建设前期工作到建设、投产一般要经历以下几个阶段的工作程序：

①根据国民经济和社会发展长远规划，结合行业和地区发展规划的要求，提出项目建议书；

②在勘察、试验、调查研究及详细技术经济论证的基础上编制可行性研究报告；

③根据项目的咨询评估情况，对建设项目进行决策；

④根据可行性研究报告编制设计文件；

⑤初步设计经批准后，做好施工前的各项准备工作；

⑥组织施工，并根据工程进度，做好生产准备工作；

⑦项目按批准的设计内容建成并经竣工验收合格后，正式投产，交付生产使用；

⑧生产运营一段时间后（一般为两年），进行项目后评价。

以上程序可由项目审批主管部门视项目建设条件、投资规模作适当合并。

目前，我国基本建设程序的内容和步骤主要有前期工作阶段（主要包括项目建议书、可行性研究、设计工作）、建设实施阶段（主要包括施工准备、建设实施）、竣工验收阶段和后评价阶段。每一阶段都包含着许多环节和内容。

（一）前期工作阶段

1. 项目建议书

项目建议书是要求建设某一具体项目的建议文件，是基本建设程序中最初阶段的工作，是投资决策前对拟建项目的轮廓设想。项目建议书的主要作用是推荐一个拟进行建设项目的初步说明，论述它建设的必要性、条件的可行性和获得的可能性，供基本建设管理部门选择并确定是否能够进行下一步工作。

项目建议书报经有审批权限的部门批准后，可以进行可行性研究工作，但这并不表明项目非上不可，项目建议书不是项目的最终决策。

项目建议书的审批程序：项目建议书首先由项目建设单位通过其主管部门报行业归口主管部门和当地发展计划部门（其中工业技改项目报经贸部门），由行业归口主管部门提出项目审查意见（着重从资金来源、建设布局、资源合理利用、经济合理性、技术可行性等方面进行初审），发展计划部门参考行业归口主管部门的意见，并依据国家规定的分级审批权限负责审批、报批。凡经行业归口主管部门初审未通过的项目，发展计划部门不予审批、报批。

2. 可行性研究

可行性研究阶段包括以下 3 项主要工作：

（1）可行性研究。项目建议书一经批准，即可着手进行可行性研究。可行性研究是指在项目决策前，通过对项目有关的工程、技术、经济等各方面条件和情况进行调查、研究、分析，对各种可能的建设方案和技术方案进行比较论证，并对项目建成后的经济效益进行预测和评价的一种科学分析方法，由此考查项目技术上的先进性和适用性，经济上的营利性和合理性，建设的可能性和可行性。可行性研究是项目前期工作最重要的内容，它从项目建设和生产经营的全过程考察分析项目的可行性，其目的是回答项目是否有必要建设，是否可能实施建设和如何进行建设的问题，其结论为投资者的最终决策提供直接的依据。因此，凡大中型项目以及国家有要求的项目，都要进行可行性研究，其他项目有条件的也要进行可行性研究。

（2）可行性研究报告的编制。可行性研究报告是确定建设项目、编制设计文件和项目最终决策的重要依据，要求必须有相当的深度和准确性。承担可行性研究工作的单位必须是经过资格审定的规划、设计和工程咨询单位，要有承担相应项目的资质。

（3）可行性研究报告的审批。可行性研究报告经评估后按项目审批权限由各级审批部门进行审批。其中大中型和限额以上项目的可行性研究报告要逐级报送国家发展和改革委员会审批；同时要委托有资格的工程咨询公司进行评估。小型项目和限额以下项目，一般由省级发展计划部门、行业归口管理部门审批。受省级发展计划部门、行业主管部门的授权或委托，地区发展计划部门可以对授权或委托权限内的项目进行审批。可行性研究报告批准后即国家同意该项目进行建设，一般先列入预备项目计划。列入预备项目计划并不等于列入年度计划，何时列入年度计划，要根据其前期工作进展情况、国家宏观经济政策和对财力、物力等因素进行综合平衡后决定。

3. 设计工作

一般建设项目（包括工业、民用建筑、城市基础设施、水利工程、道路工程等），设计过程划分为初步设计和施工图设计两个阶段。对技术复杂而又缺乏经验的项目，可结合不同行业的特点和需要，增加技术设计阶段。对一些水利枢纽、农业综合开发、林区综合开发项目，为解决总体部署和开发问题，还需进行规划设计或编制总体规划，规划审批后编制具有符合规定深度要求的实施方案。

（1）初步设计（基础设计）。初步设计的内容依项目的类型不同而有所变化，一般来说，它是项目的宏观设计，即项目的总体设计、布局设计、主要的工艺流程、设备的选型和安装设计、土建工程量及费用的估算等。初步设计文件应当满足编制施工招标文件、主要设备材料订货和编制施工图设计文件的需要，是下一阶段施工图设计的基础。

初步设计（包括项目概算）根据审批权限，由发展计划部门委托投资项目评审中心组织专家审查通过后，按照项目实际情况，由发展计划部门或会同其他有关行业主管部门进行审批。

（2）施工图设计（详细设计）。施工图设计的主要内容是根据批准的初步设计，绘制出正确、完整和尽可能详细的建筑、安装图纸。施工图设计完成后，必须由施工图设计审查单位审查并加盖审查专用章后方可使用。审查单位必须是取得审查资格，且具有审查权限要求的设计咨询单位。经审查的施工图设计还必须经有权审批的部门进行审批。

（二）建设实施阶段

1. 施工准备

施工准备主要包括以下两个项目的准备：

（1）建设开工前的准备。主要内容包括征地、拆迁和场地平整;完成施工用水、电、路等工程;组织设备、材料订货;准备必要的施工图纸;组织招标投标（包括监理、施工、设备采购、设备安装等方面的招标投标）并择优选择施工单位，签订施工合同。

（2）项目开工审批。建设单位在工程建设项目可行性研究报告批准，建设资金已经落实，各项准备工作就绪后，应当向当地建设行政主管部门或项目主管部门及其授权机构申请项目开工审批。

2. 建设实施

建设实施包括以下 3 个关键环节：

（1）项目开工建设时间。开工许可审批之后即进入项目建设施工阶段。开工之日按统计部门规定是指建设项目设计文件中规定的任何一项永久性工程（不论生产性或非生产性）第一次正式破土开槽开始施工的日期。公路、水库等需要进行大量土、石方工程的，以开始进行土方、石方工程的日期作为正式开工日期。

（2）年度基本建设投资额。国家基本建设计划使用的投资额指标，是以货币形式表现的基本建设工作，是体现一定时期内基本建设规模的综合性指标。年度基本建设投资额是建设项目当年实际完成的工作量，包括用当年资金完成的工作量和动用库存的材料、设备等内部资源完成的工作量；而财务拨款是当年基本建设项目实际货币支出。投资额以构成工程实体为准，财务拨款以资金拨付为准。

（3）生产或使用准备。生产准备是生产性施工项目投产前所要进行的一项重要工作。它是基本建设程序中的重要环节，是衔接基本建设和生产的桥梁，是建设阶段转入生产经营的必要条件。使用准备是非生产性施工项目正式投入运营使用所要进行的工作。

（三）竣工验收阶段

1. 竣工验收的范围

根据国家规定，所有建设项目依据上级批准的设计文件所规定的内容和施工图纸的要求全部建成，工业项目经负荷试运转和试生产考核能够生产合格产品，非工业项目符合设计要求，能够正常使用且都要及时组织验收。

2. 竣工验收的依据

按国家现行规定，竣工验收的依据是经过上级审批机关批准的可行性研究报告、初步设计或扩大初步设计（技术设计）、施工图纸和说明、设备技术说明书、招标投标文件和工程承包合同、施工过程中的设计修改签证、现行的施工技术验收标准及规范以及主管部门有关审批、修改、调整文件等。

3. 竣工验收的准备

竣工验收准备主要有以下 4 个方面的工作：

（1）整理技术资料。各有关单位（包括设计、施工单位）应将技术资料进行系统整理，由建设单位分类立卷，交生产单位或使用单位统一保管。技术资料主要包括土建方面、安装方面、各种有关的文件、合同和试生产的情况报告等。

（2）绘制竣工图纸。竣工图必须准确、完整，符合归档要求。

（3）编制竣工决算。建设单位必须及时清理所有财产、物资和未花完或应收回的资金，编制工程竣工决算，分析预（概）算执行情况，考核投资效益，报规定的财政部门审查。

（4）必须提供的资料文件。一般的非生产项目的验收要提供以下文件资料：项目的审批文件、竣工验收申请报告、工程决算报告、工程质量检查报告、工程质量评估报告、工程质量监督报告、工程竣工财务决算批复、工程竣工审计报告、其他需要提供的资料。

4. 竣工验收的程序和组织

根据国家现行规定，建设项目的验收根据项目的规模大小和复杂程度可分为初步验收和竣工验收两个阶段进行。规模较大、较复杂的建设项目应先进行初验，然后进行全部建设项目的竣工验收。规模较小、较简单的项目，可以一次进行全部项目的竣工验收。

建设项目全部完成，经过各单项工程的验收，符合设计要求，并具备竣工图表、竣工决算、工程总结等必要文件资料，由项目主管部门或建设单位向负责验收的单位提出竣工验收申请报告。竣工验收的组织要根据建设项目的重要性、规模大小和隶属关系而定，大中型和限额以上基本建设和技术改造项目，由我国发展和改革委员会或由发展和改革委员会委托项目主管部门、地方政府部门组织验收，小型项目和限额以下基本建设和技术改造项目由项目主管部门和地方政府部门组织验收。竣工验收要根据工程的规模大小和复杂程度组成验收委员会或验收组。验收委员会或验收组负责审查工程建设的各个环节，听取各有关单位的工作总结汇报，审阅工程档案并实地查验建筑工程和设备安装，并对工程设计、施工和设备质量等方面做出全面评价评估。不合格的工程不予验收；对遗留问题提出具体解决意见，限期落实完成。最后经验收委员会或验收组一致通过，形成验收鉴定意见书。验收鉴定意见书由验收会议的组织单位印发各有关单位执行。

生产性项目的验收根据行业不同有不同的规定。工业、农业、林业、水利及其他特殊行业，要按照国家相关的法律、法规及规定执行。上述程序只是反映项目建设共同的规律性程序，不可能完全反映各行业的差异性。因此，在建设实践中，还要结合行业项目的特点和条件，有效地贯彻执行基本建设程序。

（四）后评价阶段

建设项目后评价是工程项目竣工投产、生产运营一段时间后，再对项目的立项决策、设计施工、竣工投产、生产运营等全过程进行系统评价的一种技术经济活动。通过建设项目后评价以完成肯定成绩、总结经验、研究问题、吸取教训、提出建议、改进工作、不断提高项目决策水平和投资效果的目的。

我国目前开展的建设项目后评价一般都按 3 个层次组织实施，即项目单位的自我评价、项目所在行业的评价和各级发展计划部门（或主要投资方）的评价。

二、建筑工程施工程序

施工程序，是指项目承包人从承接工程业务到工程竣工验收一系列工作必须遵循的先后顺序，是建设项目建设程序中的一个阶段。它可以分为承接业务签订合同、施工准备、正式施工和竣工验收 4 个阶段。

（一）承接业务签订合同

项目承包人承接业务的方式有 3 种：国家或上级主管部门直接下达；受项目发包人委托而承接；通过投标中标而承接。不论采用哪种方式承接业务，项目承包人都要检查项目的合法性。

承接施工任务后，项目发包人与项目承包人应依据《中华人民共和国民法典》（简称《民法典》）和《中华人民共和国招标投标法》（简称《招标投标法》）的有关规定及要求签订施工合同。施工合同应规定承包的内容、要求、工期、质量、造价及材料供应等，明确合同双方应承担的义务和职责以及应完成的施工准备工作（土地征购、申请施工用地、施工许可证、拆除障碍物，接通场外水源、电源、道路等内容）。施工合同经双方负责人签字后具有法律效力，必须共同履行。

（二）施工准备

施工合同签订以后，项目承包人应全面了解工程性质、规模、特点及工期要求等，进行场址勘察、技术经济和社会调查，收集有关资料，编制施工组织总设计。施工组织总设计经批准后，项目承包人应组织先遣人员进入施工现场，与项目发包人紧密配合，共同做好各项开工前的准备工作，为顺利开工创造条件。根据施工组织总设计的规划，对首批施工的各单位工程，应抓紧落实各项施工准备工作。如图纸会审，编制单位工程施工组织设计，落实劳动力、材料、构件、施工机具及现场“三通一平”等。具备开工条件后，提出开工报告并经审查批准，即可正式开工。

（三）正式施工

施工过程是施工程序中的主要阶段，应从整个施工现场的全局出发，按照施工组织设计，精心组织施工，加强各单位、各部门的配合与协作，协调解决各方面问题，使施工活动顺利开展。

在施工过程中，应强化技术、材料、质量、安全、进度等各项管理工作，落实项目承包人项目经理负责制及经济责任制，全面做好各项经济核算与管理工作，严格执行各项技术、质量检验制度，抓紧工程收尾和竣工工作。

（四）进行工程验收、交付生产使用

这是施工的最后阶段。在交工验收前，项目承包人内部应先进行预验收，检查各分部分项工程的施工质量，整理各项交工验收的技术经济资料。在此基础上，由项目发包人组织竣工验收，经相关部门验收合格后，到主管部门备案，办理验收签证书，并交付使用。

第二节 建设项目管理制度

一、建设项目法人责任制

改革开放以来，我国先后试行了各种形式的投资项目责任制度，但是，责任主体、责任范围、目标和权益、风险承担方式等都不明确。为了改变这种状况，建立投资责任约束机制，规范项目法人行为，明确其责、权、利，提高投资效益，结合《中华人民共和国公司法》（简称《公司法》），原国家计划委员会于1996年1月制订颁发了《关于实行建设项目法人责任制的暂行规定》（简称《规定》）。根据《规定》要求，国有单位经营性基本建设大中型项目必须组建项目法人，实行项目法人责任制。《规定》明确了项目法人的设立、组织形式和职责、任职条件和任免程序及考核和奖惩等要求。为了建立投资约束机制，规范建设单位的行为，建设工程应当按照政企分开的原则组建项目法人，实行项目法人责任制，即由项目法人对项目的策划、资金筹措、建设实施、生产经营、债务偿还和资产的保值增值，实行全过程负责的制度。

（一）建设项目法人

国有单位经营性大中型建设工程必须在建设阶段组建项目法人。项目法人可设立有限责任公司（包括国有独资公司）和股份有限公司等。

（二）建设项目法人的设立

1. 设立时间

新上项目在项目建议书被批准后，应及时组建项目法人筹备组，具体负责项目法人的筹建工作。筹备组主要由项目投资方派代表组成。

申报项目可行性研究报告时，需同时提出项目法人组建方案。否则，其可行性研究报告不予审批。项目可行性报告经批准后，正式成立项目法人，并按有关规定确保资金及时到位，同时及时办理公司设立登记。

2. 备案

国家重点建设项目的公司章程须报国家发改委备案，其他项目的公司章程按项目隶属关系分别向有关部门、地方发改委备案。

3. 要求

项目法人组织要精干。建设管理工作要充分发挥咨询、监理、会计师和律师事务所等各类社会中介组织的作用。由原有企业负责建设的基建大中型项目，需新设立子公司的，要重新设立项目法人，并按上述规定的程序办理；只设分公司或分厂的，原企业法人即为项目法人。对这类项目，原企业法人应向分公司或分厂派遣专职管理人员，并进行专项考核。

（三）组织形式和职责

1. 组织形式

国有独资公司设立董事会。国有控股或参股的有限责任公司、股份有限公司设立股东会、董事会和监事会。

2. 建设项目董事会职权

负责筹措建设资金；审核上报项目初步设计和概算文件；审核上报年度投资计划并落实年度资金；提出项目开工报告；研究解决建设工程中出现的重大问题；负责提出项目竣工验收申请报告；审定偿还债务计划和生产经营方针，并负责按时偿还债务；聘任或解聘项目总经理，并根据总经理的提名，聘任或解聘其他高级管理人员。

3. 总经理职权

组织编制项目初步设计文件，对项目工艺流程、设备选型、建设标准、总图布置提出意见，提交董事会进行审查；组织工程设计、施工监理、施工队伍和设备材料采购的招标工作，编制和确定招标方案、标底和评标标准，评选和确定投、中标单位。实行国际招标的项目，按现行规定办理；编制并组织实施项目年度投资计划、用款计划、建设进度计划；编制项目财务预、决算；编制并组织实施归还贷款和其他债务计划；组织工程建设实施，负责控制工程投资、工期和质量；在项目建设过程中，在批准的概算范围内对单项工程的设计进行局部调整（凡引起生产性质、能力、产品品种和标准变化的设计调整以及概算调整，需经董事会决定并报原审批单位批准）；根据董事会授权处理项目实施中的重大紧急事件，并及时向董事会报告；负责生产准备工作和培训有关人员；负责组织项目试生产和单项工程预验收；拟订生产经营计划、企业内部机构设置、劳动定员定额方案及工资福利方案；组织项目后评价，提出项目后评价报告；按时向有关部门报送项目建设、生产信息和统计资料；提请董事会聘任或解聘项目高级管理人员。

（四）任职条件和任免程序

董事长及总经理的任职条件，除按《公司法》的规定执行以外，还应满足以下条件：

1. 能力要求

熟悉国家有关投资建设的方针、政策和法规，有较强的组织能力和较高的政策水平；具有大专以上学历；总经理还应具有建设项目管理工作的实际经验，或担任过同类建设项目施工现场高级管理职务，并经实践证明是称职的项目高级管理人员。

2. 建立项目高级管理人员培训制度

总经理、副总经理在项目批准开工前，应经过国家发改委或有关部门、地方发改委进行专门培训。未经培训不得上岗。

3. 国有项目董事长与总经理任免制度

国有独资和控股项目董事长的任免，先由主要投资方提出意见，在报经项目主管政府部门批准后，由主要投资方任免；国家参股项目，其董事长在任免前须报项目主管政府部门认可。国有独资和控股项目总经理的任免，由董事会提出意见，经项目主管政府部门批准后，由董事会聘任或解聘；国家参股项目的总经理，董事会在聘任或解聘前须报项目主管政府部门认可。国家重点建设项目的董事会、监事会成员及所聘请的总经理须报国家发改委备案，同时抄送有关部门或地方发改委。在项目建设期间，总经理和其他高级管理人员应保持相对稳定。董事会成员可以兼任总经理。国家公务人员不得兼任项目法人的领导职务。

（五）考核和奖惩

1. 项目考核与监督制度

（1）建立对建设项目和有关领导人的考核和监督制度。项目董事会负责对总经理进行定期考核；各投资方负责对董事会成员进行定期考核。国务院各有关部门、各地发改委负责对有关项目进行考核。必要时国家发改委组织有关单位进行专项检查和考核。

（2）考核的主要内容：国家发布的固定资产投资与建设的法律、法规的执行情况；国家年度投资计划和批准设计文件的执行情况；概算控制、资金使用和工程组织管理情况；建设工期、施工安全和工程质量控制情况；生产能力和国有资产形成及投资效益情况；土地、环境保护和国有资源利用情况；精神文明建设情况；其他需要考核的事项。

2. 项目奖惩制度

根据对建设项目的考核结论，由投资方对董事会成员进行奖罚，由董事会对总经理进行奖罚。建立对项目董事长、总经理的在任和离任审计制度。审计办法由审计部门负责另行制订。结合对项目的考核，在工程造价、工期、质量和施工安全得到有效控制的前提下，经投资方同意，董事会可决定对为项目建设做出突出成绩的领导和有关人员进行适当奖励。奖金可从工程投资结余或按项目管理费的一定比例从项目成本中提取；对工期较长的项目，可实行阶段性奖励，奖金从单项工程结余中提取。凡在项目建设管理和生产经营管理中，因人为失误给项目造成重大损失或浪费以及在招标中弄虚作假的董事长、总经理，应分别予以撤换和解聘，同时要给予必要的经济和行政处罚，并在3年内不得担任国有单位投资项目的高级管理职务。构成犯罪的，要追究其法律责任。

二、项目管理责任制度

项目管理责任制度应作为项目管理的基本制度之一。项目管理机构负责人制度应是项目管理责任制度的核心内容。项目管理机构负责人应取得相应资格，并按规定取得安全生产考核合格证书，应根据法定代表人的授权范围、期限和内容，对项目实施全过程及全面管理。

（一）项目建设相关责任方管理

项目建设相关责任方应在各自的实施阶段和环节，明确工作责任，实施目标管理，确保项目正常运行。项目管理机构负责人应按规定接受相关部门的责任追究和监督管理，在工程开工前签署质量承诺书，并报送相关工程管理机构备案。项目各相关责任方应建立协同工作机制，宜采用例会、交底及其他沟通方式，避免项目运行中的障碍和冲突。建设单位应建立管理责任排查机制，按项目进度和时间节点，对各方的管理绩效进行验证性评价。

（二）项目管理机构与项目团队建设

1. 项目管理机构建立与活动

项目管理机构应承担项目实施的管理任务和实现目标的责任，由项目管理机构负责人领导，接受组织职能部门的指导、监督、检查、服务和考核，负责对项目资源进行合理使用和动态管理。项目管理机构应在项目启动前建立，在项目完成后或按合同约定解体。

项目管理机构建立应遵循以下规定：结构应符合组织制度和项目实施要求；应有明确的管理目标、运行程序和责任制度；机构成员应满足项目管理要求及具备相应资格；组织分工应相对稳定并可根据项目实施变化进行调整；应确定机构成员的职责、权限、利益和需承担的风险。

项目管理机构建立步骤：第一，根据项目管理规划大纲、项目管理目标责任书及合同要求明确管理任务；第二，根据管理任务分解和归类，明确组织结构；第三，根据组织结构，确定岗位职责、权限以及人员配置；第四，制订工作程序和管理制度；第五，由组织管理层审核确认。

项目管理机构的管理活动应满足下列要求：应执行管理制度，应履行管理程序，应实施计划管理，保证资源的合理配置和有序流动，应注重项目实施过程的指导、监督、考核和评价。

2. 项目团队建设

项目建设相关责任方均应实施项目团队建设，明确团队管理原则，规范团队运行。项目建设相关责任方的项目管理团队之间应围绕项目目标协同工作并有效沟通。项目团队建设应符合下列规定：建立团队管理机制和工作模式；各方工作一致，协同工作；制订团队成员沟通制度，建立畅通的信息沟通渠道和各方共享的信息平台。同时，项目管理建设应开展绩效管理，利用团队成员集体的协作成果。

项目管理机构负责人应对项目团队建设和管理负责，组织制订明确的团队目标、合理高效的运行程序和完善的工作制度，定期评价团队运作绩效。同时，项目管理机构负责人应统一团队思想，增强集体观念，和谐团队氛围，提高团队运行效率。

（三）项目管理机构负责人职责与权限

建设工程项目各实施主体和参与方法定代表应书面授权委托项目管理机构负责人，并实行项目负责人负责制。项目管理机构负责人应根据法定代表人的授权范围、期限和内容，履行管理职责。

1. 履行管理职责

项目管理机构负责人应履行下列职责：项目管理目标责任书中规定的职责；工程质量安全责任承诺书中应履行的职责；组织或参与编制项目管理规划大纲、项目管理实施规划，对项目目标进行系统管理；主持制订并落实质量、安全技术措施和专项方案，负责相关的组织协调工作；对各类资源进行质量监控和动态管理；对进场的机械、设备、工器具的安全、质量和使用进行监控；建立各类专业管理制度，并组织实施；制订有效的安全、文明和环境保护措施并组织实施；组织或参与评价项目管理绩效；进行授权范围内的任务分解和利益分配；按规定完善工程资料，规范工程档案文件，准备工程结算和竣工资料，参与工程竣工验收；接受审计，处理项目管理机构解体的善后工作；协助和配合组织进行项目检查、鉴定和评审申报；配合组织完善缺陷责任期的相关工作。

2. 执行管理权限

项目管理机构负责人应具备下列权限：参与项目招标、投标和合同签订；参与组建项目管理机构；参与组织对项目各阶段的重大决策；主持项目管理机构工作；决定授权范围内的项目资源使用；在组织制度的框架下制订项目管理机构管理制度；参与选择并直接管理具有相应资质的分包人；参与选择大宗资源的供应单位；在授权范围内与项目相关方进行直接沟通；法定代表人和组织授予的其他权利。

三、建设项目承发包制度

建筑工程承发包方式又称“工程承发包方式”，是指建筑工程承发包双方之间经济关系的形式，交易双方为项目业主和承包商，双方签订承包合同，明确双方各自的权利与义务，承包商为业主完成工程项目的全部或部分项目建设任务，并从项目业主处获取相应的报酬。建筑工程承发包制度是我国建筑经济活动中的一项基本制度。

（一）范围和内容

按承发包的范围和内容可以分为全过程承包、阶段承包和专项承包。全过程承包又称“统包”“一揽子承包”或“交钥匙”，是指承包单位根据发包单位提出的使用要求和竣工期限，对建筑工程全过程实行总承包，直到建筑工程达到交付使用要求。《建设项目工程总承包管理规范》（GB/T 50358—2017）对建设项目工程总承包涉及的项目管理组织、设计管理、施工管理、采购管理、试运行管理、进度管理、费用管理、质量管理、风险管理、安全管理、资源管理、沟通信息管理、合同管理与收尾管理等方面进行详细规定。阶段承包，是指承包单位承包建设过程中某一阶段或某些阶段工程的承包形式，如勘察设计阶段、施工阶段等；专项承包，又称专业承包，指承包单位对建设阶段中某一专业工程进行的承包，如勘察设计阶段的工程地质勘查、施工阶段的分部分项工程施工等。

（二）相互结合关系

按承发包中相互结合的关系，可分为总承包、分承包、独家承包、联合承包等。总承包，也称“总包”，是指由一个施工单位全部、全过程承包一个建筑工程的承包方式；分包，也称“二包”，是指总包单位将总包工程中若干专业性工程项目分包给专业施工企业施工的方式；独家承包，指承包单位必须依靠自身力量完成施工任务，而不实行分包的承包方式；联合承包，是指由两个以上承包单位联合向发包单位承包一项建筑工程，由参加联合的各单位统一与发包单位签订承包合同，共同对发包单位负责的承包方式。

（三）合同类型和计价方法

根据承发包合同类型和计价方法，可分为施工图预算包干、平方米造价包干、成本加酬金包干、中标价包干等。施工图预算包干，是指以建设单位提供的施工图纸和工程说明书为依据编制的预算，是一次包干的承包方式。这种方式通常适用于规模较小、技术不太复杂的工程。平方米造价包干，也称“单价包干”，是指按每平方米最终建筑产品的单价承包的承包方式。成本加酬金包干，是指按工程实际发生的成本，加上商定的管理费和利润来确定包干价格的承包方式。中标价包干，是指投标人按中标的价格和内容进行承包的承发包方式。不同的承发包方式有不同的特点，不论采取哪一种方式，均应遵循公开、公正、平等竞争的原则，坚持协商一致，互惠互利。

四、建设项目招投标制度

建设工程招标投标是建设单位对拟建的建设工程项目通过法定程序和方法吸引承包单位进行公平竞争，并从中选择条件优越者来完成建设工程任务的行为。

（一）术语释义

建筑工程招标，是指建筑单位（业主）就拟建的工程发布通告，用法定方式吸引建筑项目的承包单位参加竞争，进而通过法定程序从中选择条件优越者来完成工程建筑任务的一种法律行为。

建筑工程投标，是指经过特定审查而获得投标资格的建筑项目承包单位，按照招标文件的要求，在规定的时间内向招标单位填报投标书，争取中标的法律行为。

工程招投标制度也称为工程招标承包制，它是指在市场经济条件下，采用招投标方式以实现工程承包的一种工程管理制度。工程招投标制的建立与实行是对计划经济条件下单纯运用行政办法分配建设任务的一项重大改革措施，是保护市场竞争、反对市场垄断和发展市场经济的一个重要标志。

（二）招投标范围与标准

1. 招投标法

《中华人民共和国招标投标法》规定，在中华人民共和国境内进行下列工程建设项目，包括项目的勘察、设计、施工、监理以及与工程建设有关的重要设备、材料等的采购，必须进行招标：大型基础设施、公用事业等关系社会公共利益、公众安全的项目；全部或者部分使用国有资金投资或者国家融资的项目；使用国际组织或者外国政府贷款、援助资金的项目。对于依法必须进行招标的具体范围和规模标准以外的建设工程项目，可以不进行招标，采用直接发包的方式即可。

2. 相关规定

根据 2000 年颁布的《工程建设项目招标范围和规模标准规定》（国家计委令第 3 号），建设项目的勘察、设计，采用特定专利或者专有技术的，或者其建筑艺术造型有特殊要求的，经项目主管部门批准，可以不进行招标。原国家计委、建设部等七部委 2013 年颁布的《工程建设项目施工招标投标办法》（七部委第 30 号令）中明确规定，有下列情形之一的，经该办法规定的审批部门批准，可以不进行施工招标：

（1）涉及国家安全、国家秘密或者抢险救灾而不适宜招标的；

（2）属于利用扶贫资金实行以工代赈需要使用农民工的；

（3）施工主要技术采用特定的专利或者专有技术的；

（4）施工企业自建自用的工程，且该施工企业资质等级符合工程要求的；

（5）在建工程追加的附属小型工程或者主体加层工程，原中标人仍具备承包能力的；

（6）法律、行政法规规定的其他情形。

3. 最新要求

2018 年中华人民共和国国家发展和改革委员会令第 16 号《必须招标的工程项目规定》，对《中华人民共和国招标投标法》中有关招投标工程项目进行具体规定：

（1）全部或者部分使用国有资金投资或者国家融资的项目包括：使用预算资金 200 万元人民币以上，并且该资金占投资额 10% 以上的项目；使用国有企业事业单位资金，并且该资金占控股或者主导地位的项目。

（2）使用国际组织或者外国政府贷款、援助资金的项目包括：使用世界银行、亚洲开发银行等国际组织贷款、援助资金的项目；使用外国政府及其机构贷款、援助资金的项目。

（3）符合上述规定范围内的项目，其勘察、设计、施工、监理以及与工程建设有关的重要设备、材料等的采购达到下列标准之一的，必须招标：施工单项合同估算价在400万元人民币以上；重要设备、材料等货物的采购，单项合同估算价在200万元人民币以上;勘察、设计、监理等服务的采购，单项合同估算价在100万元人民币以上。

同一项目中可以合并进行的勘察、设计、施工、监理以及与工程建设有关的重要设备、材料等的采购，合同估算价合计达到前款规定标准的，必须进行招标。

（4）不属于上述规定情形的大型基础设施、公用事业等关系社会公共利益、公众安全的项目，必须招标的具体范围由国务院发展改革部门会同国务院有关部门按照确有必要、严格限定的原则制订，报国务院批准。

（三）招投标的流程与步骤

《中华人民共和国招标投标法》规定，招标分为公开招标和邀请招标。招标投标活动应当遵循公开、公平、公正和诚实信用的原则。建设工程招标的基本程序主要包括落实招标条件、委托招标代理机构、编制招标文件、发布招标公告或投标邀请书、资格审查、开标、评标、中标和签订合同等。一般来说，招标投标需经过招标、投标、开标、评标与定标等程序。

（四）规范要求

《建设工程项目管理规范》（GB/T 50326—2017）对建筑工程投标管理做出如下规定：

1. 招标计划

项目招标前，应进行投标策划，确定投标目标，依据规定程序形成投标计划，经过授权批准后实施。同时，应识别和评审下列与招投标项目有关的要求：招标文件和发包方明示的要求；发包方未明示但应满足的要求；法律法规和标准规范要求；组织的相关要求。

根据投标项目需求进行分析，确定招标计划内容主要包括：招标目标、范围、要求与准备工作安排；招标工作各过程及进度安排；投标所需要的文件和资料；与代理方以及合作方的协作；投标风险分析及信息沟通；投标策略与应急措施；投标监控要求。

2. 投标文件

根据招标和竞争需求，编制包括下列内容的投标文件：响应招标要求的各项商务规定；有竞争力的技术措施和管理方案；有竞争力的报价。应保证投标文件符合发包方及相关要求，经过评审后投标，并保存投标文件评审的相关记录。评审应包括下列内容：商务标满足招标要求的程度；技术标和实施方案的竞争性；投标报价的经济性；投标风险的分析与应对。

3. 其他

依法与发包方或其他代表有效沟通，分析投标过程的变更信息，形成必要记录。应识别和评价投标过程风险，并采取相关措施以保障实现投标目标要求。中标后，应根据相关规定办理有关手续。

五、建设项目合同制度

（一）相关法律规定

1. 建筑法

《中华人民共和国建筑法》（以下简称《建筑法》）第 15 条规定："建筑工程的发包单位与承包单位应当依法订立书面合同，明确双方的权利和义务。发包单位和承包单位应当全面履行合同约定的义务。不按照合同约定履行义务的，依法承担违约责任。"

2. 合同法

建设工程合同是合同的一种，因此其签订、履行、变更和废除除了受到《建筑法》的约束外，也受到《民法典》的约束。《民法典》规定，建设工程合同是承包人进行工程建设，发包人支付价款的合同。建设工程合同实质上是一种特殊的承揽合同。《民法典》第 18 章建设工程合同第 808 条规定："本章没有规定的，适用承揽合同的有关规定。"建设工程合同可分为建设工程勘察合同、建设工程设计合同、建设工程施工合同。建设工程施工合同的内容包括工程范围、建设工期、中间交工工程的开工和竣工时间、工程质量、工程造价、技术资料交付时间、材料和设备供应责任、拨款和结算、竣工验收、质量保修范围和质量保证期、双方相互协作等条款。

（二）建设工程合同的分类

（1）工程范围和承包关系。按照承包的工程范围和承包关系，建筑工程合同分为建设工程总承包合同（设计—建造及交钥匙承包合同）、建设工程承包合同和建设工程分包合同。

（2）合同标的性质。按照建设工程合同标的性质，建设工程合同分为建设工程勘察合同、建设工程设计合同、建设工程施工合同和建设工程监理合同。

（3）计价方式。按照承包工程计价方式，建设工程合同分为固定价格合同、可调价格合同、工程成本加酬金确定的价格合同。

（三）规范要求

《建设工程项目管理规范》（GB/T 50326—2017）对合同管理的有关规定如下：

1. 一般规定

建筑工程项目管理组织应建立项目合同管理制度，明确合同管理责任，设立专门机构或人员负责合同管理工作；组织应配备符合要求的项目合同管理人员，实施合同的策划和编制活动，规范项目合同管理的实施程序和控制要求，保障合同订立和履行过程的合规性；严禁通过违法发包、转包、违法分包、挂靠方式订立和实施建设工程合同。

项目合同管理应遵循下列程序：合同评审；合同订立；合同实施计划；合同实施控制；合同管理总结。

2. 合同评审

合同订立前，项目管理职责应进行合同评审，完成对合同条件的审查、认定和评估工作。以招标方式订立合同时，组织应对招标文件和投标文件进行审查、认定和评估。合同评审应包括：合法性、合规性评审；合理性、可行性评审；合同严密性、完整性评审；与产品或过程有关要求的评审；合同风险评估。合同内容涉及专利、专有技术或著作权等知识产权时，应对其使用权的合法性进行审查。在合同评审中发现的问题，应以书面形式提出，要求进行澄清或调整。根据需要进行合同谈判，细化、完善、补充、修改或另行约定合同条款和内容。

3. 合同订立

应依据合同评审和谈判结果，按程序和规定订立合同。合同订立应符合下列规定：合同订立应是组织的真实意思表示；合同订立应采用书面形式，并符合相关资质管理与许可管理的规定；合同应由当事方的法定代表人或其授权的委托代理人签字或盖章；合同主体是法人或者其他组织时，应加盖单位印章；法律、行政法规规定需办理批准、登记手续后合同生效时，应依照规定办理；合同订立后应在规定期限内办理备案手续。

4. 合同实施计划

（1）项目管理组织应规定合同实施工程程序，编制合同实施计划。合同实施计划应包括下列内容：合同实施总体安排；合同分解与分包策划；合同实施保证体系的建立。

（2）合同实施保证体系应与其他管理体系协调一致。应建立合同文件沟通方式、编码系统和文档系统。承包人应对其承接的合同做总体协调安排。承包人自行完成的工作及分包合同的内容，应在质量、资金、进度、管理架构、争议解决方式方面符合总包合同的要求。分包合同实施应符合法律和组织有关合同管理制度的要求。

5. 合同实施控制

（1）项目管理机构应按约定全面履行合同。合同实施控制的日常工作应包括下列内容：合同交底；合同跟踪与诊断；合同完善与补充；信息反馈与协调；其他应自主完成的合同管理工作。

（2）合同实施前，组织的相关部门和合同谈判人员应对项目管理机构进行合同交底。合同交底应包括下列几点内容：合同的主要内容；合同订立过程中的特殊问题及合同待定问题；合同实施计划及责任分配；合同实施的主要风险；其他应进行交底的合同事项。

（3）项目管理机构应在合同实施过程定期进行合同跟踪和诊断。合同跟踪和诊断应符合下列要求：对合同实施信息进行全面收集、分类处理，查找合同实施中的偏差；定期对合同实施中出现的偏差进行定性、定量分析，通报合同实施情况及存在的问题。

（4）项目管理机构应根据合同实施偏差结果制订合同纠偏措施或方案，经授权人批准后实施。实施需要其他相关方配合时，项目管理机构应事先征得各相关方的认同，并在实施中协调一致。项目管理机构应按规定实施合同变更的管理工作，将合同变更文件和要求传递至相关人员。合同变更应当符合下列条件：变更内容应符合合同约定或者法律规定。变更超过原设计标准或者批准规模时，应由组织按照规定程序办理变更审批手续；变更或变更异议的提出，应符合合同约定或者法律法规规定的程序和期限；变更应经组织或授权人员签字或盖章后实施；变更对合同价格及工期有影响时，应相应调整合同价格和工期。

（5）项目管理机构应控制和管理合同中止行为。合同中止应根据下列方式处理：合同中止履行前，应书面通知对方并说明理由。因对方违约导致合同中止履行时，在对方提供适当担保时应恢复履行；中止履行后，对方在合理期限内未恢复履行能力并未提供相应担保时，应报请组织决定是否解除合同。合同中止或恢复履行，如依法需要向有关行政主管机关报告或履行核验手续的，应在规定的期限内履行有关手续。合同中止后不再恢复履行时，应根据合同约定或法律规定解除合同。

（6）项目管理机构应按照规定实施合同索赔的管理工作。索赔应符合下列条件：索赔应依据合同约定提出。合同没有约定或者约定不明确时，按照法律法规规定提出。索赔应全面、完整地收集和整理索赔资料。索赔意向通知及索赔报告应按照约定或法定的程序和期限提出。索赔报告应说明索赔理由，提出索赔金额及项目工期。

（7）合同实施过程中产生争议时，应按下列方式解决：双方通过协商达成一致；请求第三方协调；按照合同约定申请仲裁或向人民法院起诉。

6. 合同管理总结

项目管理机构应进行项目合同管理评价，总结合同订立和执行过程中的经验和教训，提出总结报告。合同总结报告应包括下列内容：合同订立情况评价；合同履行情况评价；合同管理工作评价；对本项目有重大影响的合同条款评价；其他经验和教训。组织应根据合同总结报告确定项目合同管理改进要求，制订改进措施，完善合同管理制度，并按照规定保存合同总结报告。

六、建设工程监理制度

建设工程监理又称工程建设监理，国际上属于业主项目管理的范畴。《工程建设监理规定》自 1996 年 1 月 1 日起实施。《工程建设监理规定》第 3 条明确提出：建设工程监理是指监理单位受项目法人的委托，结合国家批准的工程项目建设文件、有关工程建设的法律、法规和工程建设监理合同及其他工程建设合同，对工程建设实施的监督管理。建设工程监理可以是建设工程项目活动的全过程监理，也可以是建设工程项目某一实施阶段的监理，如设计阶段监理、施工阶段监理等。我国目前应用最多的是施工阶段监理。

（一）原则与特性

《工程建设监理规定》第 18 条规定：监理单位是建筑市场的主体之一，建设监理是一种高智能的有偿技术服务。监理单位与项目法人之间是委托与被委托的合同关系，与被监理单位是监理与被监理关系。

监理单位应遵循“公正、独立、自主”的原则，开展工程建设监理工作，公平地维护项目法人和被监理单位的合法权益。可见，监理是一种有偿的工程咨询服务；是受项目法人委托进行的；监理的主要依据是法律、法规、技术标准、相关合同及文件；监理的准则是守法、诚信、公正和科学。

1. 服务性

工程监理机构受业主的委托进行工程建设的监理活动，它提供的不是工程任务的承包，而是服务，工程监理机构将尽一切努力进行项目的目标控制，但它不可能保证项目的目标一定实现，它也不可能承担由于不是它的缘故而导致项目目标的失控。《工程建设监理规定》第 11 条规定，监理单位承担监理业务，应当与项目法人签订书面工程建设监理合同。工程建设监理合同的主要条款是：监理的范围和内容、双方的权利与义务、监理费的计取与支付、违约责任、双方约定的其他事项。第 12 条规定，监理费从工程概算中列支，并核算建设单位的管理费。《建设工程监理规范》（GB 50319—2013）要求：建设单位与承包单位之间与建设工程合同有关的联系活动应通过监理单位进行。

2. 独立性

独立性指的是不依附性，它在组织上和经济上不能依附于监理工作的对象，否则它就不可能自主地履行其义务。监理是一种有偿的工程咨询服务，是受项目法人委托进行的。职责就是在贯彻执行国家有关法律、法规的前提下，促使甲、乙双方签订的工程承包合同得到全面履行。建设工程监理的依据包括工程建设文件、有关的法律法规规章和标准规范、建设工程委托监理合同和有关的建设工程合同。其中工程建设文件主要包括：批准的可行性研究报告、建设项目选址意见书、建设用地规划许可证、建设工程规划许可证、批准的施工图设计文件、施工许可证等。

3. 公正性

工程监理机构受业主的委托进行工程建设的监理活动，当业主方和承包商发生利益冲突或矛盾时，工程监理机构应以事实为基础，以法律和有关合同为准绳，在维护业主的合法权益时，不损害承包商的合法权益，这体现了建设工程监理的公正性。

《工程建设监理规定》第 26 条规定：总监理工程师要公正地协调项目法人与被监理单位的争议。国务院有关部门管理本部门工程建设监理工作。第 7 条规定：国务院工业、交通等部门管理本部门工程建设监理工作，其主要职责为：贯彻执行国家工程建设监理法规，根据需要制订本部门工程建设监理实施办法，并监督实施；审批直属的乙级、丙级监理单位资质，初审并推荐甲级监理单位；管理直属监理单位的监理工程师资格考试、考核和注册工作；指导、监督、协调本部门工程建设监理工作。

4. 科学性

工程监理机构拥有从事工程监理工作的专业人士——监理工程师，它将应用所掌握的工程监理科学的思想、组织、方法和手段从事工程监理活动。《建设工程监理规范》（GB 50319—2013）要求，建设工程监理应符合国家现行的有关强制性标准、规范的规定。

（二）制度和作用

我国的建设工程监理制度于 1988 年开始试点。1997 年，《中华人民共和国建筑法》以法律制度的形式做出规定，“国家推行建筑工程监理制度”，进而使建设工程监理在全国范围内进入全面推行阶段。从法律上明确了监理制度的法律地位。建设监理是商品经济发展的产物。工业发达国家的资本占有者，在进行一项新的投资时，需要一批有经验的专家进行投资机会分析，制订投资决策；项目确立后，又需要专业人员组织招标活动，从事项目管理和合同管理工作。建设监理业务便应运而生，而且随着商品经济的发展，不断得到充实完善，逐渐成为建设程序的组成部分和工程实施惯例。推行建设工程监理制度的目的是确保工程建设质量和安全，提高工程建设水平，充分发挥投资效益。

（三）工作内容

建设工程监理制度工作内容主要包括三控制、三管理与一协调。三控制包括的内容为投资控制、进度控制、质量控制；三管理为合同管理、安全管理和风险管理；一协调主要指的是施工阶段项目监理机构组织协调工作。

1. 三控制

三控制包括投资控制、进度控制、质量控制。

（1）投资控制。投资控制是在建设工程项目的投资决策阶段、设计阶段、施工阶段以及竣工阶段，把建设工程投资控制在批准的投资限额内，及时纠正发生的偏差，以保证项目投资管理目标的实现，力求在建设工程中合理使用人力、物力、财力，取得较好的投资效益和社会效益。监理工程师在工程项目的施工阶段进行投资控制的基本原理是把计划投资额作为投资控制的目标值，在施工阶段，定期进行投资实际值与目标值的比较。通过比较并找出实际支出额与投资目标值之间的偏差，然后分析产生偏差的原因，采取有效的措施进行控制，以确保投资控制目标的实现。这种控制贯穿于项目建设的全过程，是动态的控制过程。要有效地控制投资项目，应从组织、技术、经济、合同与信息管理等多方面采取措施。从组织上采取措施，包括明确项目组织结构、明确项目投资控制者及其任务，以使项目投资控制有专人负责，明确管理职能分工；从技术上采取措施，包括重视设计方案选择，严格审查监督初步设计、技术设计、施工图设计、施工组织设计、渗入技术领域研究节约投资的可能性；从经济上采取措施，包括动态的比较项目投资的实际值和计划值，严格审查各项费用支出，采取节约投资的奖励措施等。

（2）进度控制。进度控制是指对工程项目建设各阶段的工作内容、工作程序、持续时间和衔接关系，根据进度总目标及资源优化配置的原则，编制计划并付诸实施，然后在进度计划的实施过程中经常检查实际进度是否按计划进行，对出现的偏差情况进行分析，采取有效的扑救措施，修改原计划后再付诸实施，如此循环，直到建设工程项目竣工验收交付使用。建设工程仅需控制的最终目标是保障建设项目按预定时间交付使用或提前交付使用。建设工程进度控制的总目标是建设工期。

影响建设工程进度的不利因素很多，如人为因素、设备、材料及构配件因素、机具因素、资金因素、水文地质因素等。常见影响建设工程进度的人为因素有以下几个：

①建设单位因素：如建设单位因使用要求改变而进行的设计变更；不能及时提供建设场地而满足施工需要；不能及时向承包单位、材料供应单位付款。

②勘察设计因素：如勘察资料不准确，特别是地质资料有错误或遗漏；设计有缺陷或错误；设计对施工考虑不周，施工图供应不及时等。

③施工技术因素：如施工工艺错误；施工方案不合理等。

④组织管理因素：如计划安排不周密，组织协调不利等。

（3）质量控制。建筑工程质量是指工程满足建设单位需要的，符合国家法律、法规、技术规范标准、设计文件及合同规定的特性综合。建设工程作为一种特殊的产品，具有一般产品共有的质量特性，如适用性、寿命、可靠性、安全性、经济性等满足社会需要的使用价值和属性外，还具有特定的内涵。建设工程质量的特性主要表现在适用性、耐久性、安全性、可靠性、经济性和与环境的协调性上。工程建设的不同阶段，对工程质量的形成起到不同的作用和影响。影响工程的因素很多，总结起来主要有5个方面：人、机、料、法、环，即人员素质、工程材料、施工设备、工艺方法、环境条件都影响着工程质量。

2. 三管理

三管理包括合同管理、安全管理、风险管理。

（1）合同管理。合同是工程监理中最重要的法律文件。订立合同是为了证明一方向另一方提供货品或者劳务，它是订立双方责、权、利的证明文件。施工合同的管理是项目监理机构的一项重要工作，整个工程项目的监理工作即可视为施工合同管理的全过程。

（2）安全管理。建设单位施工现场安全管理包括两层含义：一是指工程建筑物本身的安全，即工程建筑物的质量是否满足了合同的要求；二是施工过程中人员的安全，特别是与工程项目建设有关各方在施工现场施工人员的生命安全。

监理单位应监理安全监理管理体制，确定安全监理规章制度，检查指导项目监理机构的安全监理工作。

（3）风险管理。风险管理是对可能发生的风险进行预测、识别、分析、评估，并在此基础上进行有效的处置，以最低的成本实现最大目标保障。工程风险管理是为了降低工程中风险发生的可能性，减轻或消除风险的影响，以最低的成本取得对工程目标保障的满意结果。

3. 一协调

一协调主要指的是施工阶段项目监理机构组织协调工作。

工程项目建设是一项复杂的系统工程。在系统中活跃着建设单位、承包单位、勘察实际单位、监理单位、政府行政主管部门以及与工程建设有关的其他单位。

在系统中监理单位具备最佳的组织协调能力。主要原因是：监理单位是建设单位委托并授权的，是施工现场为宜的管理者，代表建设单位，并根据委托监理合同及有关的法律、法规授予的权利，对整个工程项目的实施过程进行监督并管理。监理人员都是经过考核的专业人员，他们有技术、会管理、懂经济、通法律，一般要比建设单位的管理人员有着更高的管理水平、管理能力和监理经验，能驾驭工程项目建设过程的有效运行。监理单位对工程建设项目进行监督与管理，并依据有关的法律、法规，而使自己拥有特定的权利。

（四）实施程序

1. 成立项目监理机构

监理单位应根据建设工程的规模、性质，业主对监理的要求，委派称职的人员担任项目总监理工程师。总监理工程师是一个建设工程监理工作的总负责人，他对内向监理单位负责，对外向业主负责。

监理机构的人员构成是监理投标书中的重要内容，是业主在评标过程中认可的，总监理工程师在组建项目监理机构时，应根据监理大纲内容和签订的委托监理合同内容组建，并在监理规划和具体实施计划执行中进行及时调整。

2. 编制建设工程监理规划

建设工程监理规划是开展工程监理活动的纲领性文件。

3. 制订各专业监理实施细则

监理实施细则应由专业监理工程师编制，经总监理工程师批准，在工程开工前完成，并报建设单位核查。

监理实施细则应分专业编制，体现该工程项目在各专业技术、管理和目标控制方面的具体要求，以达到规范监理工作的目的。

4. 规范化地开展监理工作

监理工作的规范化体现在：建设工程施工完成后，监理单位应在工程项目正式验交前组织竣工预验收，在预验收中发现的问题，应及时与施工单位沟通，提出整改要求。监理单位应参加业主组织的工程竣工验收，签署监理单位意见。

建设工程监理工作完成后，监理单位向业主提交的监理档案资料应在委托监理合同文件中约定。如在合同中没有做出明确规定，监理单位一般应提交设计变更、工程变更资料，监理指令性文件、各种签证资料等档案资料。

七、建设项目管理其他制度

建设项目管理主要依靠管理制度确保实现项目管理目标，是建筑项目管理最重要的内容之一。除了前面介绍的法人制度、责任制度、目标管理制度、承发包及合同管理制度与监理制度外，建设项目管理还包括许多其他的管理制度，如建设工程许可制度、安全管理制度、质量管理制度以及环境保护制度等，本节因篇幅原因不再赘述，将在后续内容穿插介绍。

第三节　建设工程项目管理策划

一、建设项目目标管理

目标管理，简而言之就是将工作任务和目标明确化，同时建立目标系统，以便统筹兼顾进行协调，然后在执行过程中进行对照和控制，及时进行纠偏，努力实现既定目标。工程项目的目标管理作为工程项目管理中重要的工作内容，因其涉及内容繁杂、利益方众多、建设周期长、不确定因素多等原因，故在建设执行过程中，项目目标会受到各方面影响。项目目标的正确设置与否，以及是否可控，在一定意义上直接决定着项目建设的成败。

（一）工程建设项目中目标系统的建立

1. 项目目标确定的依据

在工程项目决策之初，无论投资方、承建方、协作方或政府，均会有一定的目的或利益期望，这些目的与利益期望，只要可行，即经过项目的控制和协调后是可以实现的，也可以认为是项目目标的雏形。其中可能包含项目建设的费用投入与收益、资源投入、质量要求、进度要求、HSE（健康 / 安全 / 环境）、风险控制率、各利益方满意度，以及其他特殊目标和要求。此外，目标的确定还应遵循在政策法规之下的其他原则。

由于每个项目均有其唯一性，每个项目目标的侧重点不尽相同，但 HSE、质量、费用与进度在绝大多数工程项目中，都是相对重要的控制要求。

2. 有效目标的特征

有意义的目标应该具备以下特点：明确、具体、可行（可操作）、可度量和一定的挑战性，而且这些目标也需要得到上级或相关利益方的认可，亦即与其他方的目标一致。项目目标应该有属性（如成本）、计算单位或一个绝对或相对的值。对于成功完成的项目来说，没有量化的目标通常隐含较高的风险。

3. 总目标与目标系统

工程项目涉及面广，在很多方面均会有控制要求，因此需要设立多个总目标，而且在总目标之下，也需要设立多个子目标用以支撑或说明各类控制要求和建设期望。

比如项目的投资、产能、质量、进度、环保等要求就属于总目标之列；在化工建设中，就投资控制而言，这些投资可能由几个工段共同组成，而在这几个工段中，包含设计费、采购费、建安费、管理费等，这些分项控制要求均属于项目投资总目标下的子目标；又如在设计变更控制目标下，则又可分解为不同专业的目标；再如拟订进度总目标后，则可能分解为项目策划决策期、项目准备期、项目实施期和项目试运行期等。项目总目标与多个子目标就构成了一个目标系统，成了项目建设研究和管理的对象。

（二）目标系统的建立方法

1. 完整列出该项目的各类期望和要求

其中可能包含的方面有：生产能力（功能）、经济效益要求、进度要求、质量保证、产业与社会影响、生态保护、环保效应、安全、技术及创新要求、试验效果、人才培养与经验积累及其他功能要求。详细研究工作范围，建立工作分解结构（WBS）。准确研究和确定项目工作范围；结合工程固有的特点，沿可执行的方向，对项目范围进行分解，层层细分，建立工作分解结构（WBS），全面明确工作范围内包含哪些环节和内容，并以此作为目标细分的依据。工作分解结构的末端应该是可执行单元，对应的目标亦即可执行目标。

2. 建立目标矩阵

以项目期望目标为列，以 WBS 结构为行，建立目标矩阵。识别目标矩阵中重要因素，作为重要控制目标；根据重要控制目标情况，设置相关专职或兼职职能岗位。项目目标矩阵及重要控制目标识别是项目职能岗位设置及团队组建的基础，亦即组织分解机构（OBS）组建的基础。

（三）项目管理目标责任书

在项目实施之前，由法定代表人或其授权人与项目管理机构负责人协商制订项目管理目标责任书，责任书应属于组织内部明确责任的系统性管理文件，其内容应符合组织制度要求和项目自身特点。

制订项目管理目标责任书应根据下列信息：项目合同文件，组织管理制度，项目管理规划大纲，组织经营方针和目标，项目特点和实施条件与环境。项目管理目标责任书宜包括下列内容：项目管理实施目标；组织和项目管理机构职责、权限和利益的划分；项目现场质量、安全、环保、文明、职业健康和社会责任目标；项目设计、采购、施工、试运行管理的内容和要求；项目所需资源的获取和核算办法；法定代表人向项目管理机构负责人委托的相关事项；项目管理机构负责人和项目管理机构应承担的风险；项目应急事项和突发事件处理的原则和方法；项目管理效果和目标实现的评价原则、内容和方法；项目实施过程中相关责任和问题的认定和处理原则；项目完成后对项目管理机构负责人的奖惩依据、标准和办法；项目管理机构负责人解职和项目管理机构解体的条件及办法；缺陷责任期、质量保修期及之后对项目管理机构负责人的相关要求。

组织应对项目管理目标责任书的完成情况进行考核和认定，并根据考核结果和项目管理目标责任书的奖惩规定，对项目管理机构负责人和项目管理机构进行奖励或处罚。同时，项目管理目标责任书应根据项目实施变化进行补充和完善。

二、项目管理策划

项目管理策划是对项目实施的任务分解和任务组织工作的策划，包括设计、施工、采购任务的招投标，合同结构，项目管理机构设置、工作程序、制度及运行机制，项目管理组织协调，管理信息收集、加工处理和应用等。项目管理策划视项目系统的规模和复杂程度，分层次、分阶段地开展，从总体的轮廓性、概略性策划，到局部的实施性详细策划逐步深化。

（一）一般规定

项目管理策划由项目管理规划和管理配套策划组成。项目管理规划应包括项目规划大纲和管理实施规划，项目管理配套策划应包括项目管理规划策划以外的所有项目管理策划内容。应建立项目管理策划的管理制度，确定项目管理策划的管理过程、实施程序和控制要求。

1. 管理过程

项目管理策划应包括下列管理过程：分析、确定项目管理的内容与范围；协调、研究、形成项目管理策划结果；检查、监督、评价项目管理策划过程；履行其他确保项目管理策划的规定责任。

2. 实施程序

项目管理策划应遵循下列程序过程：识别项目管理范围；进行项目工作分解；确定项目的实施方法；规定项目需要的各种资源；测算项目成本；对各个项目管理过程进行策划。

3. 控制要求

项目管理策划过程应符合下列规定：项目管理范围应包括项目的全部内容，并与各相关方的工作协调一致；项目工作分解结构应根据项目管理范围，以可交付成果为对象实施；应根据项目实际情况与管理需要确定详细程度，确定工作分解结构；提供项目所需资源，应保证工程质量和降低项目成本的要求进行方案比较；项目进度安排应形成项目总进度计划，宜采用可视化图表表达；宜采用量价分离的方法，按照工程实体性消耗和非实体性消耗测算项目成本；应进行跟踪检查和必要的策划调整，项目结束后需要编写项目管理策划的总结文件。

（二）项目管理规划大纲

1. 编制目的与步骤

项目管理规划大纲应是项目管理工作中具有战略性、全局性和宏观性的指导文件。编制项目管理规划大纲应遵循下列步骤：明确项目需求和项目管理范围；确定项目管理目标；分析项目实施条件，进行项目工作结构分解；确定项目管理组织模式、组织结构和职责分工；规定项目管理措施；编制项目资源计划；报送审批。

2. 编制依据与编制内容

（1）编制依据。项目管理规划大纲编制依据应包括以下内容：项目文件、相关法律法规和标准；类似项目经验资料；实施条件调查资料。

（2）编制内容。项目管理规划大纲文件宜包括下列内容，可根据需要在其中选定：项目概况；项目范围管理；项目管理目标；项目管理组织；项目采购与投标管理；项目进度管理；项目质量管理；项目成本管理；项目安全生产管理；绿色建造与环境管理；项目资源管理；项目信息管理；项目沟通与相关方管理；项目风险管理；项目收尾管理。

（3）编制要求。项目管理规划大纲应具备下列内容：项目管理目标和职责规定；项目管理程序和方法要求；项目管理资源的提供和安排。

（三）项目管理实施规划

1. 编制步骤

项目管理实施规划应对项目管理规划大纲的内容进行细化。编制项目实施规划应遵循下列步骤：了解相关方的项目要求；分析项目具体特点和环境条件；熟悉相关的法规和文件；实施编制活动；履行报批手续。

2. 编制依据与内容

（1）编制依据。项目管理实施规划编制依据可包括下列内容：适用的法律、法规和标准；项目合同及相关要求；项目管理规划大纲；项目设计文件；工程情况与特点；项目资源和条件；有价值的历史数据；项目团队的能力和水平。

（2）编制内容。项目管理实施规划应包括下列内容：项目概况；项目总体工作安排；组织方案；设计与技术措施；进度计划；质量计划；成本计划；安全生产计划；绿色建造与环境管理计划；资源需求与采购计划；信息管理计划；沟通管理计划；风险管理计划；项目收尾计划；项目现场平面布置图；项目目标控制计划与技术经济指标。

（3）编制要求。项目管理实施规划文件应满足下列要求：项目大纲内容应得到全面深化和具体化；实施规划范围应满足实现项目目标的实际需求；实施项目管理规划的风险处于可以接受的水平。

（四）项目管理配套策划

项目管理配套策划应是与项目管理规划相关的项目管理策划过程，应将项目管理配套策划作为项目管理策划的支撑措施纳入项目管理策划过程。

1. 编制依据与内容

（1）编制依据。项目管理配套策划依据应包括下列几点内容：项目管理制度；项目管理规划；实施过程需求；相关风险程度。

（2）编制内容。项目管理配套策划应包括下列内容：确定项目管理规划的编制人员、方法选择与时间安排；安排项目管理策划各项规定的具体落实途径；明确可能影响项目管理实施绩效的风险应对措施。

2. 策划过程

（1）要求与规定。项目管理机构应确保项目管理配套策划过程满足项目管理的需求，并应符合下列规定：界定项目管理配套策划的范围、内容、职责和权利；规定项目管理配套策划的授权、批准和监督范围。确定项目管理配套策划的风险应对措施；总结评价项目管理配套策划水平。

（2）基础工作过程。组织应建立下列保证项目管理配套策划有效性的基础工作过程：积累以往项目管理经验；制订有关消耗定额；编制项目基础设施配套参数；建立工作说明书和实施操作标准；规定项目实施的专项条件；配置专用软件；建立项目信息数据库；进行项目团队建设。

第四章　建筑工程项目资源管理与优化创新

第一节　建筑工程项目资源管理概述

一、项目资源管理

（一）项目资源概念

项目资源是对项目实施中使用的人力资源、材料、机械设备、技术、资金和基础设施等的总称。资源是人们创造出产品（即形成生产力）所需要的各种要素，也被称为生产要素。

项目资源管理的目的是在保证施工质量和工期的前提下，通过合理配置和调控，充分利用有限资源，节约使用资源，降低工程成本。

（二）项目资源管理概念

项目资源管理是对项目所需的各种资源进行的计划、组织、指挥、协调和控制等系统活动。项目资源管理的复杂性主要表现为以下几项。

1. 工程实施所需资源的种类多、需求量大。

2. 建设过程对资源的消耗极不均衡。

3. 资源供应受外界影响很大，具有一定的复杂性和不确定性，且资源经常需要在多个项目间进行调配。

4. 资源对项目成本的影响最大。加强项目管理，必须对投入项目的资源进行市场调查与研究，做到合理配置，并在生产中强化管理，以尽量少的消耗获得产出，达到节约劳动和减少支出的目的。

（三）项目资源管理的主要原则

在项目施工过程中，对资源的管理应该着重遵循以下四项原则。

1. 编制管理计划的原则

编制项目资源管理计划的目的，是对效法投入量、投入时间和投入步骤，做出一个合理的安排，以满足施工项目实施的需要，对施工过程中所涉及的资源，都必须按照施工准备计划、施工进度总计划和主要分项进度计划，根据工程的工作量，编制出详尽的需用计划表。

2. 资源供应的原则

按照编制的各种资源计划，进行优化组合，并运用到项目中去，保证项目施工的需要。

3. 节约使用的原则

这是资源管理中最为重要的一环，其根本意义在于节约活劳动及物化劳动，根据每种资源的特性，制订出科学的措施，进行动态配置和组合，不断地纠正偏差，以尽可能少的资源，满足项目的使用。

4. 使用核算的原则

进行资源投入、使用与产生的核算，是资源管理的一个重要环节，完成了这个程序，便可以使管理者做到心中有数。通过对资源使用效果的分析，一方面是对管理效果的总结，另一方面又为管理提供储备与反馈信息，以指导以后的管理工作。

（四）项目资源管理的过程和程序

1. 项目资源管理的全过程应包括资源的计划、配置、控制和处置。

2. 项目资源管理应遵循下列程序

（1）按合同或根据施工生产要求，编制资源配置计划，确定投入资源的数量与时间。

（2）根据资源配置计划，做好各种资源的供应工作。

（3）根据各种资源的特性，采取科学的措施，进行有效组合，合理投入，动态管理。

（4）对资源的投入和使用情况进行定期分析，找出问题，总结经验持续改进。

3. 项目资源管理应关注以下几个方面：

（1）要将资源优化配置，适时、适量、按比例配置资源投入生产，满足需求。

（2）投入项目的各种资源在施工项目中搭配适当、协调，能够充分发挥作用，更能有效地形成生产力。

（3）在整个项目运行过程中，对资源进行动态管理，以适应项目建设需要，并合理规避风险。项目实施是一个变化的过程，对资源的需求也在不断发生变化，必须适时调整，有效地计划组织各种资源，合理流动，在动态中求得平衡。

（4）在项目实施中，应建立节约机制，有利于节约使用资源。

（五）资源配置与资源均衡

在资源配置时，必须考虑如何进行资源配置及资源分配是否均衡。在项目资源十分有限的情况下，合理的资源配置和实现资源均衡是提高项目资源配置管理能力的有效途径。

1. 资源配置

资源配置是将项目资源根据项目活动及进度需求，将资源分配到项目的各项活动中去，以保证项目按计划执行。有限资源的合理分配也被称为约束型资源的均衡。在编制约束型资源计划时，必须考虑其他项目对于可共享类资源的竞争需求。在进行型号项目资源分配时，必须考虑所需资源的范围、种类、数量及特点。

资源配置方法属于系统工程技术的范畴。项目资源的配置结果，不但应保证项目各子任务得到合适的资源，也要力求实现项目资源使用均衡。此外，还应保证让项目的所有活动都可及时获得所需资源，使项目的资源能够被充分利用，力求使项目的资源消耗总量最少。

2. 资源均衡

资源均衡是一种特殊的资源配置问题，是对资源配置结果进行优化的有效手段。资源均衡的目的是努力将项目资源消耗控制在可接受的范围内。在进行资源均衡时，必须考虑资源的类型及其效用，以保障资源均衡的有效性。

二、项目资源管理计划

项目资源是工程项目实施的基本要素，项目资源管理计划是对工程项目资源管理的规划或安排，一般涉及决定选用什么样的资源、将多少资源用于项目的每一项工作的执行过程中（即资源的分配），以及将项目实施所需要的资源按争取的时间、正确的数量供应到正确的地点，并尽可能地降低资源成本的损耗，如采购费用、仓库保管费用等。

（一）项目资源管理计划的基本要求

（1）资源管理计划应包括建立资源管理制度，编制资源使用计划、供应计划和处置计划，规定控制程序和责任体系。

（2）资源管理计划应依据资源供应、现场条件和项目管理实施规划编制。

（3）资源管理计划必须纳入进度管理中。由于资源作为网络的限制条件，在安排逻辑关系和各工程活动时就要考虑到资源的限制和资源的供应过程对工期的影响。通常在工期计划前，人们已假设可用资源的投入量。因此，如果网络编制时不顾及资源供应条件的限制，则网络计划是不可执行的。

（4）资源管理计划必须纳入项目成本管理中，以作为降低成本的重要措施。

（5）在制订实施方案以及技术管理和质量控制中必须包括资源管理的内容。

（二）项目资源管理计划的内容

1. 资源管理制度

资源管理制度主要包括人力资源管理制度、材料管理制度、机械设备管理制度、技术管理制度、资金管理制度。

2. 资源使用计划

资源使用计划包括人力资源使用计划、材料使用计划、机械设备使用计划、技术使用计划、资金使用计划。

3. 资源供应计划

资源供应计划包括人力资源供应计划、材料供应计划、机械设备供应计划、资金供应计划。

4. 资源处置计划

资源处置计划包括人力资源处置计划、材料处置计划、机械设备处置计划、技术处置计划、资金处置计划。

（三）项目资源管理计划编制的依据

1. 项目目标分析

通过对项目目标的分析，把项目的总体目标分解为各个具体的子目标，以便于了解项目所需资源的整体情况。

2. 工作分解结构

工作分解结构确定了完成项目目标所必须进行的各项具体活动，根据工作分解结构的结果可以估算出完成各项活动所需资源的数量、质量和具体要求等信息。

3. 项目进度计划

项目进度计划提供了项目的各项活动何时需要相应的资源以及占用这些资源的时间，据此，可以合理地配置项目所需的资源。

4. 制约因素

在进行资源计划时，应充分考虑各类制约因素，如项目的组织结构、资源供应条件等。

5. 历史资料

资源计划可以借鉴类似项目的成功经验，以便于项目资源计划的顺利完成，既可节约时间又可降低风险。

（四）项目资源管理计划编制的过程

项目资源管理计划是施工组织设计的一项重要内容，应纳入工程项目的整体计划和组织系统中。通常，项目资源计划应包括如下过程。

1. 确定资源的种类、质量和用量

根据工程技术设计和施工方案，初步确定资源的种类、质量和需用量，然后再逐步汇总，最终得到整个项目各种资源的总用量表。

2. 调查市场上资源的供应情况

在确定资源的种类、质量和用量后，即可着手调查市场上这些资源的供应情况。其调查内容主要包括各种资源的单价，据此确定各种资源所需的费用；调查如何得到这些资源，从何处得到这些资源，这些资源供应商的供应能力怎样、供应的质量如何、供应的稳定性及其可能的变化；对各种资源供应状况进行对比分析等。

3. 资源的使用情况

主要是确定各种资源使用的约束条件，包括总量限制、单位时间用量限制、供应条件和过程的限制等。对于某些外国进口的材料或设备，在使用时还应考虑资源的安全性、可用性、对周围环境的影响、国家的法规和政策以及国际关系等因素。

在安排网络时，不仅要在网络分析和优化时加以考虑，整体在具体安排时更需注意，这些约束性条件多是由项目的环境条件，或企业的资源总量和资源的分配政策决定的。

4. 确定资源使用计划

通常是在进度计划的基础上确定资源的使用计划的，即确定资源投入量—时间关系直方图（表），确定各资源的使用时间和地点。在做此计划时，可假设它在活动时间上平均分配，从而得到单位时间的投入量（强度）。进度计划的制订和资源计划的制订，往往需要结合在一起共同考虑。

5. 确定具体资源供应方案

在编制的资源计划中，应明确各种资源的供应方案、供应环节及具体时间安排等，如人力资源的招雇、培训、调遣、解聘计划，材料的采购、运输、仓储、生产、加工计划等。如把这些供应活动组成供应网络，应与工期网络计划相互对应，协调一致。

6. 确定后勤保障体系

在资源计划中，应根据资源使用计划确定项目的后勤保障体系，如确定施工现场的水电管网的位置及其布置情况，确定材料仓储位置、项目办公室、职工宿舍、工棚、运输汽车的数量及平面布置等。这些虽不能直接作用于生产，但对项目的施工具有不可忽视的作用，在资源计划中必须予以考虑。

第二节　建筑工程项目资源管理内容

一、生产要素管理

（一）生产要素概念

生产要素是指形成生产力的各种要素，主要包括人、机器、材料、资金与管理。对建筑工程来说，生产要素是指生产力作用于工程项目的有关要素，也可以说是投入到工程要素中的诸多要素。由于建筑产品的一次性、固定性、建设周期长、技术含量高等特殊的特性，可以将建筑工程项目生产要素总结为：人、材料、机械设备、技术等方面。

（二）建筑工程项目生产要素管理概述

生产要素管理就是对诸要素的配置和使用所进行的管理，其根本目的是节约劳动成本。

1. 建筑工程项目生产要素管理的意义

（1）进行生产要素优化配置，即适时、适量、比例恰当、位置适宜地配备或投入生产要素，以满足施工需要。

（2）进行生产要素的优化组合，即投入工程项目的各种生产要素在施工过程中搭配适当，协调地在项目中发挥作用，有效地形成生产力，适时、合格地完成建筑工程。

（3）在工程项目运转过程中，对生产要素进行动态管理。项目的实施过程是一个不断变化的过程，对生产要素的需求在不断变化，平衡是相对的，不平衡是绝对的。因此生产要素的配置和组合也就需要进行不断调整，这就需要动态管理。动态管理的目的和前提是优化配置与组合，动态管理是优化配置和组合的手段与保证。动态管理的基本内容就是按照项目的内在规律，有效地计划、组织、协调、控制各生产要素，使之在项目中合理流动，在动态中寻求平衡。

（4）在工程项目运行中，合理地、节约地使用资源，以取得节约资源（资金、材料、设备、劳动力）的目的。

2. 建筑工程项目生产要素管理的内容

生产要素管理的主要内容包括生产要素的优化配置、生产要素的优化组合、生产要素的动态管理三个方面。

（1）生产要素的优化配置

生产要素的优化配置，就是按照优化的原则安排生产要素，按照项目所必需的生产要素配置要求，科学而合理地投入人力、物力、财力，使之在一定资源条件下实现最佳的社会效益和经济效益。

具体来说，对建筑工程项目生产要素的优化配置主要包括对人力资源（即劳动力）的优化配置、对材料的优化配置、对资金的优化配置和对技术的优化配置等几个方面。

（2）生产要素的优化组合

生产要素的优化组合是生产力发展的标志，随着科学技术的进步、现代管理方法和手段的运用，生产要素优化组合将对提高施工企业管理集约化程度起到推动作用。

其内容一是指生产要素的自身优化，即各种要素的素质提高的过程。二是优化基础上的结合，各要素有机结合发挥各自优势。

（3）生产要素的动态管理

生产要素的动态管理是指结合项目本身的动态过程而产生的项目施工组织方式。项目动态管理以施工项目为基点来优化和管理企业的人、财、物，以动态的组织形式和一系列动态的控制方法来实现企业生产诸要素按项目要求的最佳组合。

（三）生产要素管理的方法和工具

1. 生产要素优化配置方法

不同的生产要素，其优化配置方法各不相同，可根据生产要素特点确定。常用的方法有网络优化方法、优选方法、界限使用时间法、单位工程量成本法、等值成本法及技术经济比较法。

2. 生产要素动态管理方法

动态管理的常用方法有动态平衡法、日常调度、核算、生产要素管理评价、现场管理与监督、存储理论与价值工程等。

二、人力资源管理

（一）建筑工程项目人力资源管理概述

1. 人力资源管理含义

人力资源管理这一概念主要是指通过掌握的科学管理办法，来对一定范围内的人力资源进行必要的培训，进行科学的组织，以便实现人力资源与物力资源充分利用。在人力资源管理工作中，较为重要的一点就是对工作人员的思想情况、心理特征以及实际行为进行有效的引导，以便充分激发工作人员的工作积极性，让工作人员能够在自己的工作岗位上发光发热，适应企业的发展脚步。

2. 人力资源管理在建筑工程项目管理中的重要性

人力资源管理工作作为企业管理工作中的重要组成部分，其工作质量会对企业的长远发展产生极为重要的影响。而对于建筑企业来说也是如此，这是由于在建筑工程项目管理中充分发挥人力资源管理工作的效用，就能够帮助企业累计人才，并将人才转化为企业的核心竞争力，通过优化配置人力资源来推动建筑企业的可持续发展。

（二）建筑工程项目人力资源管理问题

1. 管理者观念的落后

随着社会的不断发展，各行各业在寻求可持续发展的道路上都应与时俱进地更新管理观念，特别是对于建筑行业来说，就目前而言，大部分建筑企业在人力资源管理工作中所应用的管理观念都较为落后，不仅不能够对企业中的人力资源进行合理配置与培训，不能为企业培养出精兵强将，而且同时还会因管理观念落后而对人力资源管理工作重要性的发挥造成严重阻碍，会对企业工作人员岗位培训与调动等产生不良影响。再加上部分人力资源的管理工作人员缺乏对信息技术的正确认识，不能利用现代化的眼光来对人力资源管理工作理念进行变革，不利于建筑企业的长远发展。

2. 人力资源管理体系的不完善

当前，我国部分建筑企业都缺乏对人力资源管理工作的重视，没有建立应有的人力资源管理体系，使得人力资源管理工作的开展无法得到制度保障。在这种不完善的管理体系指导下的人力资源管理工作质量也就不能得到有效保证。还有的建筑企业建立了人力资源管理体系，但是却没有及时对其进行更新与优化，使其无法满足当前人力资源管理工作的需求，也就无法为企业发展提供坚实的人力基础。因此，人力资源管理体系的不健全也是影响建筑企业人力资源管理工作质量的重点。

3. 缺乏完善的激励机制

当前，我国建筑企业人力资源管理工作大多还缺乏完善的激励机制，而导致这一问题出现的原因主要在于部分人力资源管理工作人员忽视了奖金对工作人员的激励作用，不会利用奖金来充分调动工作人员的积极性与工作热情，也就无法在建筑企业内部创造一个良好的竞争环境，不利于实现企业的长远发展。与此同时，还包括晋升机制的不完善。

我国大部分建筑企业在对工作人员进行岗位晋升时都不重视对其工作绩效的考察，或是对其工作绩效情况进行了考察，但是并没有起到应有的作用，进而在一定程度上影响了工作人员的积极性，也就无法保证工作人员能够全身心地投入到工作岗位中，这对于实现企业经营发展目标是十分不利的。

（三）建筑工程项目人力资源管理优化

1. 管理者观念的转变

建筑工程企业应重视对先进管理理念的学习与应用，摒弃传统落后的管理观念，为提高自身人力资源管理水平打下理念基础。这就需要企业的人力资源管理者能够重视对自身专业水平的提升，积极学习新的管理理念，并充分利用互联网信息技术等来进行人力资源管理能力的自我锻炼，以便为提高建筑工程项目人力资源管理水平奠定基础。

2. 健全管理人才培养模式

健全管理人才培养模式，要从提高管理团队的综合素质与专业水平出发，通过这些方面来实现对人力资源管理工作质量的提高。这是由于工作人员是建筑企业开展人力资源管理工作的主体，其素质状况直接影响着人力资源管理工作效果的发挥。

3. 建立完善的激励机制

建筑企业要重视对激励机制的建立与完善，以便能够充分调动工作人员的积极性。要将工作人员的工作绩效与薪资水平挂钩，以激发工作人员的主观能动性。同时，还应对工作态度认真且有突出表现的工作人员给予口头表扬等精神层面的鼓励，进而在企业内部形成一种积极向上、不断提升自己能力的工作氛围。此外，企业还应将工作人员平时的绩效考核情况与其岗位升迁等进行紧密联系，并重视对人才晋升机制的完善与优化，引导工作人员实现自主提升，并逐渐推动企业的持续健康发展。

三、建筑材料管理

（一）材料供应管理

一般而言，当前材料选择通常指的是在建筑相关工程立项后通过相关施工单位展开自主采购，且在实际采购过程中在严格遵循相关条例规定的同时，还要满足设计中的材料说明要求。对材料供应商应该具有正规合法的采购合同，而对防水材料、水电材料、装饰材料、保温材料、砌筑材料、碎石、沙子、钢筋、水泥等采取材料备案证明管理，同时实施材料进厂记录。

1. 供应商的选择

供应商的选择是材料供应管理的第一步，在对建筑材料市场上诸多供应商进行选择时，应该注意以下几个方面：首先，采购员应该对各供应商的材料进行比较，认真核查材料的生产厂家，仔细审核供应商的资质，所有的建筑材料必须符合国家标准；其次，在对采购合同进行签订之前，还应该验证现场建筑材料的检测报告、进出厂合格证明文件以及复试报告等；最后，与供应商所直接签订的合同需要在法律保障下才可以发挥其行之有效的作用。

2. 制订采购计划文件

当前，在确定好供应商之后，就要开始编制相应的计划文件，这就需要相关的采购员严格依据施工进度方案、施工内容以及设计内容对具体的采购计划通过比较细致的研究从而制订出完善的采购方案。并且，采购员必须对其质量进行科学化的检测，进而确保材料其本身所具备的功能可以达到施工要求，更加高效地进行成本把控。

3. 材料价格控制

建筑工程相应项目中所涉及的材料种类比较，有时需要同时和多家材料供应商合作，因此，在建筑材料采购过程中，采购员应该对所采购的材料完成相应的市场调查工作，多走访几家，对实际的价格做好管控工作。让最终购买的材料在保证满足设计和施工要求的同时，尽可能地使价格降到最低，综合材料实际的运费，在最大程度上减少成本投入，进而达到材料资料等方面的有效控制。

4. 进厂检验管理

在建筑材料购买之后，要严格进行材料进场验收，由监理单位和施工企业对进厂材料进行检验，对材料的证明文件、检测报告、复试报告以及出厂合格证进行审核。同时，委托具有相应资质的检测单位对进厂材料按批次取样检验，并做好备案书。检验结果不合格的材料坚决不能进厂使用，只有检验结果合格的材料才能进行使用。

（二）施工材料管理

1. 材料的存放

建设单位要有专人负责掌管材料，将材料分好类别，以免材料之间发生化学反应，影响建筑材料的使用。同时，还要对材料的入库和出库时间、合作的生产厂家、材料之间的报告等做好登记，在项目部门领取材料进行施工时，项目施工人员必须凭小票领取材料，并签字，这样有利于施工后期建筑材料的回收再利用。

在建筑施工接近尾声之际，建设单位的工作人员应该将实际应用的建筑材料和计划用量进行比较，将使用的建筑材料数据记录下来，将剩余的建筑材料回收再利用，将建筑现场清理好，以免造成建筑材料的浪费，同时，还要把剩余的材料做好分类管理，减少施工材料的成本。

2. 材料的使用

在建筑材料的使用过程中，要根据建筑材料的实际用量和计划用量做好建筑材料的使用，避免运输的材料超过计划上限，要严格控制材料的使用情况，做到不过多的损耗、浪费。总之，在施工阶段的建筑材料管理工作中，要合理安排材料的进库和验收工作，同时，还要掌握好施工进程，从而保证施工需要，管理人员要时常对建筑材料进行检查和记录，以防止材料的损失。

3. 材料的维护

工程施工中的一些周转材料，应当依据其规格、型号摆放，并在上次使用后，及时除锈、上油，对于不能继续使用的，应及时更换。

4. 工程收尾材料管理

做好工程的收尾工作，将主要力量、精力，放在新施工项目的转移方面，在工程接近收尾时，材料往往已经使用超过70%，需要认真检查现场的存料，估计未完工程实际用料量，在平衡基础上，调整原有的材料计划，消减多余，补充不足，以防止出现剩料情况，进而为清理场地创造优良条件。

四、机械设备管理

（一）建筑机械设备管理与维护的重要性

1. 提高生产效率

建筑机械是建筑生产必不可少的工具，也是建筑企业投入最多的方面。随着科学技术的日新月异，机械现代化是建筑现代化的标志。机械设备的不断更新要求建筑企业要不断更新技术知识，不断适应新环境的要求。机械设备可极大提高生产效率，降低生产成本，从而使建筑企业具有更高的竞争力，在激烈的市场中赢得先机。

2. 在建筑中发挥重要作用

机械设备现代化是建筑现代化的基本条件，越先进的机械设备越能发挥整体效能，越能提高建筑生产质量，不断更新机械设备是建筑企业提高核心竞争力的关键。一些老旧设备、带病运转、安全措施不到位、产品型号混杂、安装不合理等问题都会影响到建筑企业的发展，所以，适当地对建筑机械设备进行管理与维护，对建筑工程项目的建设具有重要意义。

（二）建筑工程项目机械设备管理问题

1. 建筑机械设备自身缺点

施工机械的制造厂商很多，厂商之间的建设基地与生产规模、生产能力等差距很大，因此建筑机械产品质量、产品结构、产品价格也存在很大的差距，为此一些建筑机械制造厂技术水平不高，导致市场建筑机械设备参差不齐，产品质量与产品安全未能保障，大大增加了建筑事故的发生率。如某市为塔机制造大城市，生产的塔机在全国范围内普遍使用，但塔吊倒塌事故时有发生，虽然导致事故的发生因素可能有多种，但是厂家生产的吊塔质量不合格或是不符合标准，也是导致此事故的发生因素之一。

随着有效机制加大，很多在用的机械设备都是租赁的，一部分施工升降机是自购的，另一部分小型机械是班组自带的机械设备，不论机械设备是自带还是租赁，由于项目施工现场中的机械设备长期缺乏维护和维修保养，安装随意装置、随意拆卸，再加上设备管理人员工作失控，建筑机械设备损坏的部分未及时进行修补，对配有皮带的机械设备与木工电锯设备未配置防护罩的现象较为严重。

2. 建筑施工人员素质有待提高

在建筑施工场地，机械设备的操作人员素质不高，多数操作人员文化程度相对较低，对操作功能不熟悉、操作技能不熟练、操作经验不足导致对突发事件的反应能力相对薄弱，更不能预测危险事项带来的后果，建筑招工人员未对员工进行岗前培训，或是岗前培训过于走形式，对施工现场需要注意的事项和技巧未能准确告知，进而导致了事故安全隐患。

3. 建筑机械设备的使用过于频繁

由于施工项目的不确定性，有些建筑施工项目未完工而另一个施工项目急需开工，建筑机械设备几乎两边跑，频繁使用造成设备保养不及时、工程机械磨损大、易发生建筑机械设备“带病”工作，加大了工作中的安全隐患。

（三）建筑机械设备维修与管理措施

1. 设立专职部门

施工单位应该对建筑机械设备维修与管理足够的重视，首先可以设立一个专门的部门负责机械管理维修，部门中各个成员的职责必须明确规定，一旦出现问题，要立即追责，当然如有维修与管理人员表现良好的，也要给予一定的奖励；其次，施工单位应该完善建筑机械管理与维修档案制度，同时做好统计工作，以便能够对机械设备进行统一的管理；最后，工程实践中，施工人员必须安排足够的人员来负责建筑机械设备管理，做到定人、定岗、定机，以保证每个机械设备都能够检查到位，作业时不会出现任何故障。

2. 提高防范意识

施工人员应该意识到机械设备的维修与管理也是自己分内的工作，尤其是专门负责这项工作的施工人员。平时要不断加强自身素质，避免维修管理不当的行为出现。另外，机械设备操作人员在操作过程中，要爱惜机械设备，进行合理操作，作业技术之后，应对机械设备进行检查，这既能保证机械设备性能始终处于优良状态，也能够保证操作人员的自身安全。此外，待到工程竣工之后，施工人员一定要进行全面检查，再将机械设备调到其他工程场地中，以免影响其他工程进度。

3. 做好建筑机械设备的日常保养

建筑机械设备既需要定期保养，也需要做好日常保养，这样才能够最大限度地保证机械设备始终保持良好状态。首先，有关部门要结合现实情况，制订科学合理的保养制度，编写保养说明书，并且依据机械设备种类来制订不同的保养措施，以便机械设备保养更具合理性、针对性；其次，机械设备维修与管理人员与机械设备的操作人员要进行时常沟通，要求操作人员必须依据保养制度中的要求进行操作，如果是新型的机械设备，维修与管理人员还需要将操作要点告知操作人员，避免操作人员误操作，损坏机械设备；最后，建立激励制度，将建筑机械设备的技术情况、安全运行、消耗费用和维护保养等纳入奖惩制度中，以调动建筑机械设备管理人员和操作人员的工作积极性。组织开展一些建筑机械设备检查评比活动，来推动机械设备管理部门的工作。

五、项目技术管理

（一）项目技术管理的重要性

技术管理研究源于 20 世纪 80 年代初，技术管理作为专有词汇也是在该时期出现的。技术管理是一门边缘科学，比技术有更广一层的内涵，即使技术贯穿于整个组织体系，使过去仅表现在车间及设备等方面的技术也可应用到财务、市场份额和其他事务中，将技术的竞争优势因素转为可靠的竞争能力，搞好技术管理是企业家或经营者的职责。

各工程项目均为典型项目，在实际工程项目管理中存在技术管理部门和人员。同时，可在很多与工程项目管理相关的期刊、文章中找到关于项目技术管理重要性的论述。技术管理在施工项目管理中，是施工项目管理实施成本控制的重要手段、是施工项目质量管理的根本保证措施、是施工项目管理进度控制的有效途径。

（二）项目技术管理的作用

分析项目技术管理的作用，离不开项目目标实现，技术管理的作用包括保证、服务及纠偏作用。利用科学手段方法，制订合理可行的技术路线，起到项目目标实现保证作用；以项目目标为技术管理目标，其所有工作内容均应围绕目标并服务于目标；在项目实施过程中，依靠检测手段，出现偏差时要通过技术措施纠正偏差。

技术管理在项目中的作用大小会因项目的不同而不同，是以科学手段，提供保证项目各项目标实现的方法，是其他管理无法替代的。

（三）建筑工程项目技术管理内容

1. 技术准备阶段的内容

为保证正式施工的进行，在前期的准备工作中，不仅要保证施工中需要的图纸等资料的完善无误，而且还需对施工方案进行反复确认。对准备工作的强调，能有效降低图纸中存在的质量隐患。在对施工方案最终确定之前，应由项目经理以及技术管理的相关负责人对其进行审核，并让设计方案保留一定的调整空间，以便在实际施工中遇到有出入的地方可及时进行协调。在对施工相关资料进行审核中，各个负责人应对关键部分或有争议的部分进行反复讨论，最终确定最为科学施工方案。同时，在技术准备阶段，确定施工需要的相关设备与材料等，能为接下来的施工节约一定的材料选择时间，保证施工能顺利完成。

2. 施工阶段的内容

施工阶段的技术管理内容更加复杂，需要调整的空间也较大。在施工期间，工程变更与洽谈、技术问题的解决、材料选择以及规范的贯穿等事项都需要技术管理的参与。具体来讲，技术管理主要对施工工程中的施工技术与施工工艺等进行管理与监督。但是，施工工程是一个整体，技术管理也会涉及其他方面的内容。同时，也只有加强各个方面管理内容的协调与沟通，促使整个施工项目得到均衡发展，才能使其顺利完工。此外，技术管理还包括对施工工艺的开发与创新，有效解决施工过程中遇到的技术难题，并积极运用新的施工技术与理念，促进施工工艺的现代化及其不断进步。

3. 贯穿于整个施工工程

技术管理是企业在施工工程中所进行的一系列技术组织与控制内容的总称。技术管理贯穿于整个施工工程的全过程，所以其在施工管理中起着重要的影响作用。技术管理涉及施工方案的制订、施工材料的确定、施工工艺以及现场安全等事项的分配，对整个施工工程的顺利进行有着直接影响。众所周知，一个施工项目包含的内容比较多，涉及的事项也比较复杂。所以，在具体的施工过程中，技术管理包含的事项以及内容也比较多。技术管理的进行，应与施工管理与安全管理等内容同样重要，只有各个方面的管理能够均衡，才能促使施工工程的质量得到保证并顺利完成。

第三节 建筑工程项目资源管理优化创新

一、项目资源管理的优化

工程项目施工需要大量劳动力、材料、设备、资金和技术，其费用一般占工程总费用的 80% 以上。因此，项目资源的优化管理在整个项目的经营管理中，尤其是成本的控制中占有重要的地位。资源管理优化时应遵循以下基本原则：资源耗用总量最少、资源使用结构合理、资源在施工中均衡投入。

项目资源管理贯穿工程项目施工的整个过程，主要体现在施工实施阶段。承包商在施工方案的制订中要依据工程施工实际需要采购和储存材料，配置劳动力和机械设备，将项目所需的资源按时按需、保质保量地供应到施工地点，并合理地减少项目资源的消耗，降低项目成本。

（一）利用工序编组优化调整资源均衡计划

大型工程项目中需要的资源种类繁多，数量巨大，资源供应的制约因素多，资源需求也不平衡。因此，资源计划必须包括对所有资源的采购、保管和使用过程建立完备的控制程序和责任体系，确定劳动力、材料和机械设备的供应和使用计划。

资源计划对施工方案的进度、成本指标的实现有重要的作用。施工技术方案决定了资源在某一时间段的需求量，而作为施工总体网络计划中限制条件的资源，对于工程施工的进度有着重要的影响。同时，均衡项目资源的使用，合理地降低资源的消耗也有助于施工方案成本指标的优化。

1. 单资源的均衡优化

对于单项资源的均衡优化，建筑企业可以利用削峰法进行局部的调整，但是对于大型工程项目整体资源的均衡，应采用“方差法”进行均衡优化。“方差法”的原理是通过逐个地对非关键线路上的某一工序的开始和完成时间进行调整，然后在这些调整所产生的许多工序优化组合中找出资源需求量最小的那个组合。然而，对于大型工程项目而言，网络计划上非关键线路上工序的数量很多，资源需求情况也很复杂，调整所产生的工序优化组合会非常多，往往使优化工作变得耗时或不可行，达不到最佳的优化效果。

实际工程中，可以通过将初始总时差相等且工序之间没有时间间隔的一组非关键线路上的工序并为一个工序链，减少非关键线路上工序的数量，降低工序优化的组合。

2. 多资源的均衡优化

对于施工中的多资源均衡优化，可以利用模糊数学方法，综合资源在各种状况下的相对重要程度并排序，明确优化调整的顺序，然后再对资源进行优化调整。资源的优越性排序后，利用方差法对每一种资源计划进行优化调整。资源调整有冲突时，应根据资源的优越性排序确定调整的优先等级。

（二）推进组织管理中的团队建设与伙伴合作

项目组织作为一种组织资源，对于建筑企业在施工中节约项目管理费用有着重要的作用。建筑企业应在大型工程项目的施工与管理中加强项目管理机构的团队建设，与项目参与各方建立合作伙伴关系。

1. 承包商项目管理团队建设

项目管理团队建设可以提高管理人员的参与度和积极性，提高工作的归属感和满意度，形成团队的共同承诺和目标，改善成员的交流和沟通，进而提升工作效率。项目管理团队建设还可以有效地防范承包商管理的内部风险，节约管理成本。

建筑企业将项目管理团队建设统一在工程项目人力资源管理中。通过制订规范化的组织结构图和工作岗位说明书，建立绩效管理和激励评价机制，来拓展团队成员的工作技能，使团队管理运行流畅，实现团队共同目标。

2. 与项目各方建立合作伙伴关系

大型工程项目需要不同组织的众多人员共同参与，项目的成功取决于项目参与各方的密切合作。各方的关系不应仅仅是用合同语言表述的冷冰冰的工作关系，更需要建立各方更加密切和高效的合作伙伴关系。

在工程项目的建设中，工程的庞大规模和施工的复杂性决定了项目参与各方建立合作伙伴关系的必要性。建筑企业应在项目施工管理方案中增加与业主、设计院和监理工程师等其他各方建立伙伴合作的内容，以期顺利成功地完成工程项目的施工。

合作伙伴关系对于项目管理的主要目标——进度、质量、安全和成本管理的影响是明显的。成功的伙伴合作关系不仅能缩短项目工期、降低项目成本、提高工程质量，而且能使项目运行更加安全。

3. 优化材料采购和库存管理

材料的采购与库存管理是建筑工程项目资源管理的重要内容。材料采购管理的任务是保证工程施工所需材料的正常供应，在材料性能满足要求的前提下，控制、减少所有与采购相关的成本，包括直接采购成本（材料价格）和间接采购成本（材料运输、储存等费用），建立可靠、优秀的供应配套体系，努力减少浪费。

大型工程项目材料品种、数量多，体积庞大，规格型号复杂。而且施工多为露天作业，易受时间、天气和季节的影响，材料的季节性消耗和阶段性消耗问题突出。同时，施工过程中的许多不确定性因素，如设计变更、业主对施工要求的调整等，也会导致材料需求的变更。采购人员在采购材料时，不仅要保证材料的及时供应，而且还要考虑市场价格波动对于整个工程成本的影响。

二、建筑工程项目资源优化

（一）建筑工程项目中资源优化的必要性与可行性

当前，我国社会化大生产使资源优化的矛盾日益凸显，土地供给紧张，主要原材料纷纷告缺，资源的利用和保护再次成为关注的焦点。建筑工程的建设是一个资源高消耗工程，不但需要消耗大量的钢材、水泥等建筑资源，还要占用土地、植被等自然资源。建筑工程项目可以从全局上来分配资源，平衡各个项目的需求，实现整体工程项目的目标。这是传统职能型管理的一大优点，因为局部最优并不一定是整体最优。但是职能部门对项目缺少直接的、及时的了解和关注。而“项目”具有实施难度很难准确估测、随时可能有突发事件发生的特点，这种情况下，职能部门按部就班的工作模式就无法应对项目的各种突发事件，无法及时向有需求的项目组提供资源。

（二）资源优化的程序和方法

可以将建筑资源优化过程划分为：更新策划与资源评价、方案设计与施工设计、工程实施三个阶段来进行。

建筑资源评价是在建筑资源调查的基础上，从合理开发利用和保护建筑资源及取得最大的社会、经济、环境效益的角度出发，选择某些因子，运用科学方法，对一定区域内建筑资源本身的规模、质量、分级及开发前景和施工开发条件进行综合分析和评判鉴定的过程。

资源评价与更新策划的工作是最为重要的环节，这也是现阶段旧建筑资源优化工作的“瓶颈”所在。从工作内容上来讲，资源评价与概念策划是建筑师职能的拓展，将建筑师的研究领域从传统的仅注重空间尺度、比例、造型，拓宽到了对人、社会、环境生态、经济等方面。

通过资源利用的可靠性评价环节可以与规划相互沟通，将可利用资源通过定性与定量的方式表现出来，并通过文字将更新思想程序化、逻辑化地表达给投资商、政策管理机构，最后将策划成果直接用于改造设计。在工作中始终保持连续性将有利地保证更新在持续合理状态中进行。比如在建筑设计中，在标准阶段进行优化，要有精细化的设计，要根据每个建筑的不同特性去做精细化的设计，所以一定要强调“优生优育”。选择钢筋时，细而密的钢筋一般会同时具有经济和安全的双重优点：比如，细钢筋用作板和梁的纵筋时，锚固长度可以缩短，裂缝宽度一定会减小；用作箍筋时，弯钩可以缩短，安全度又不会降低。追求性价比的概念不是说性价比最高的那个方案就是开发商应该要的，而是最适合的才是应当被选择被采纳的。

（三）建筑工程项目资源优化的意义

资源是一个工程项目实施的最主要的因素，是支撑整个项目的物质保障，是工程实施必不可少的前提条件。真正做到资源优化管理，将项目实施所需的资源按正确的时间、正确的数量供应到正确的地点，可以降低资源成本消耗，是工程成本节约的主要途径。

只有不断地提高人力资源的开发和管理水平，才能充分开发人的潜能。以全面、缜密的思维和更优化的管理方式，保证项目以更低的投入获得更高的产出，切实保障进度计划的落实、工程质量的优良、经济效益的最佳；只有重视项目计划和资源计划控制的实践性，真正地去完善项目管理行为，才能够根据建筑项目的进度计划，合理地、高效地利用资源；才能实现提高项目管理综合效益，促进整体优化的目的。

三、建筑工程项目资源管理优化内容

（一）施工资源管理环节

在项目施工过程中，对施工资源进行管理；应重视以下几个环节。

1. 编制施工资源计划

编制施工资源计划的目的是对资源投入量、投入时间和投入步骤做出合理安排，以满足施工项目实施的需要，计划是优化配置和组合的方式。

2. 资源的供应

按照编制的计划，从资金来源到投入到施工项目上实施，使计划得以实现，使施工项目的需要得以保证。

3. 节约使用资源

根据每种资源的特性，制订出科学的措施，进行动态配置和组合，协调投入，合理使用，不断地纠正偏差，以尽可能少的资源满足项目的使用，达到节约的目的。

4. 合理预算

进行资源投入、使用与产出的核算，实现节约使用的目的。

5. 进行资源使用效果的分析

一方面是对管理效果的总结，找出经验和问题，评价管理活动；另一方面为管理提供储备和反馈消息，以指导以后（或下一循环）的管理工作。

（二）建筑项目资源管理的优化

目前，国内在建的一些工程项目中，相当一部分施工企业还没有真正地做到科学管理，在项目的计划与控制技术方面，更是缺少科学的手段和方法。要解决好这些问题，应该做到以下几点。

1. 科学合理地安排施工计划，提高施工的连续性和均衡性

安排施工计划时应考虑人工、机械、材料的使用问题。使各工种能够相互协调，密切配合，有次序、不间断地均衡施工。因此，科学合理地安排人工、机械、材料在全施工阶段内能够连续均衡发挥效益是必要的，这就需要对工程进行全面规划，编制出与实际相适应的施工资源计划。

2. 做好人力资源的优化

人力资源管理是一种人的经营。一个工程项目是否能够正常发展，关键在于对人力资源的管理。

（1）实行招聘录用制度

对所有岗位进行职务分析，制订每个岗位的技能要求和职务规范。广泛向社会招聘人才，对通过技能考核的人员，遵照少而精、宁缺毋滥原则录用，做到岗位与能力相匹配。

（2）合理分工，开发潜能

对所有的在岗员工进行合理分工，并充分发挥个人特长，给予他们更多的实际工作机会。发掘他们的潜能，做到“人尽其才”。

（3）为员工搭建一个公平竞争的平台

只有通过公平竞争才能使人才脱颖而出，才能吸引并留住真正有才能的人。

（4）建立绩效考核体系，明确考核条线，纵横对比

确立考核内容，对技术水平、组织能力等进行考核，不同的考核运用不同的考核方法。

（5）建立晋升、岗位调换制度

以绩效为基础，以技能为主。通过考核把真正有能力、有水平的员工晋升至更重要的岗位，以发挥更大的作用。

（6）建立薪酬分配机制

对有能力、有水平的在岗员工，项目管理者应该着重使高额报酬与高中等的绩效奖励相结合，并给予中等水平的福利待遇，调动在岗员工的积极性，使人人都充满着奋发向上的工作热情，形成一个有技能的、创业型的团队。

（7）建立末位淘汰制度

以绩效技能考核为基础，制订并严格遵循"末位淘汰制度"，将不适应工作岗位、不能胜任本职工作的人员淘汰出局，以达到"留住人才，淘汰庸才"的目的。

3. 要做好物质资源的优化

（1）对建筑材料、资金进行优化配置

即适时、适量、比例适当、位置适宜地投入，以满足施工需要。

（2）对机械设备优化组合

即对投入施工项目的机械设备在施工中适当搭配，相互协调地发挥作用。

（3）对设备、材料、资金进行动态管理

动态管理的基本内容就是按照项目的内在规律，有效地计划、组织、协调、控制各种物质资源，使之在项目中合理流动，在动态中寻求平衡。

第五章　建筑工程项目成本管理与优化创新

第一节　建筑工程项目成本管理概述

一、成本管理

（一）成本管理的概念

成本管理，通常在习惯上被称为成本控制。所谓控制，在字典里的定义是命令、指导、检查或限制的意思。它是指系统主体采取某种力所能及的强制性措施，促使系统构成要素的性质数量及其相互间的功能联系根据一定的方式运行，以便达到系统目标的管理过程。而成本管理是企业生产经营过程中各项成本核算、成本分析、成本决策和成本控制等一系列科学管理行为的总称，具体是指在生产经营成本形成的过程中，对各项经营活动进行指导、限制和监督，使之符合有关成本的各项法令、方针、政策、目标、计划和定额的规定，并及时发现偏差予以纠正，使各项具体的和全部的生产耗费被控制在事先规定的范围之内。成本管理一般具有成本预测、成本决策、成本计划、成本核算、成本控制、成本分析、成本考核等职能。

1. 狭义的成本管理

成本管理有广义和狭义之分。狭义的成本管理是指日常生产过程中的产品成本管理，是根据事先制订的成本预算，对日常发生的各项生产经营活动按照一定的原则，采用专门方法进行严格的计算、监督、指导和调节，把各项成本控制在一个允许的范围之内。狭义的成本管理又被称为“日常成本管理”或“事中成本管理”。

2. 广义的成本管理

广义的成本管理则强调对企业生产经营的各个方面、各个环节以及各个阶段的所有成本的控制，既包括“日常成本管理”，又包括“事前成本管理”和“事后成本管理”。广义的成本管理贯穿企业生产经营全过程，它与成本预测、成本决策、成本规划、成本考核共同构成了现代成本管理系统。传统的成本管理是适应大工业革命的出现而产生和发展的，其中的标准成本法、变动成本法等方法得到了广泛的应用。

（二）现代的成本管理

随着新经济的发展，人们不仅对产品在使用功能方面提出了更高的要求，还强调在产品中能体现使用者的个性化。在这种背景下，现代的成本管理系统应运而生，无论是在观念还是在所运用的手段方面，其都与传统的成本管理系统有着显著的差异。从现代成本管理的基本理念看，主要表现在以下几项。

1. 成本动因的多样化

成本动因的多样化即成本动因是引起成本发生变化的原因。要对成本进行控制，就必须了解成本为何产生，它与哪些因素有关、有何关系。

2. 时间是一个重要的竞争要素

在价值链的各个阶段中，时间都是一个非常重要的因素，很多行业和各项技术的发展变革速度已经加快，产品的生命周期变得很短。在竞争激烈的市场上，要获得更多的市场份额，企业管理人员必须能够对市场的变化做出快速反应，投入更多的成本用于缩短设计、开发和生产时间，以缩短产品上市的时间。另外，时间的竞争力还表现在顾客对产品服务的满意程度上。

3. 成本管理全员化

成本管理全员化即成本控制不单单是控制部门的一种行为，而是已经变成一种全员行为，是一种由全员参与的控制过程。从成本效能看，以成本支出的使用效果来指导决策，成本管理从单纯地降低成本向以尽可能少的成本支出来获得更大的产品价值转变，这是成本管理的高级形态。同时，成本管理以市场为导向，将成本管理的重点放在面向市场的设计阶段和销售服务阶段。

企业在市场调查的基础上，针对市场需求和本企业的资源状况，对产品和服务的质量、功能、品种及新产品、新项目开发等提出要求，并对销量、价格、收入等进行预测，对成本进行估算，研究成本增减或收益增减的关系，确定有利于提高成本效果的最佳方案。

实行成本领先战略，强调从一切来源中获得规模经济的成本优势或绝对成本优势。重视价值链分析，确定企业的价值链后，通过价值链分析，找出各价值活动所占总成本的比例和增长趋势，以及创造利润的新增长，识别成本的主要成分和那些占有较小比例而增长速度较快、最终可能改变成本结构的价值活动，列出各价值活动的成本驱动因素及相互关系。同时，通过价值链的分析，确定各价值活动间的相互关系，在价值链系统中寻找降低价值活动成本的信息、机会和方法；通过价值链分析，可以获得价值链的整个情况及环与环之间的链的情况，再利用价值流分析各环节的情况，这种基于价值活动的成本分析是控制成本的一种有效方式，能为改善成本提供信息。

二、建筑工程项目成本的分类

根据建筑产品的特点和成本管理的要求，项目成本可按不同的标准和应用范围进行分类。

（一）按成本计价的定额标准分类

根据成本计价的定额标准分类，建筑工程项目成本可以分为预算成本、计划成本和实际成本。

1. 预算成本

预算成本是按建筑安装工程实物量和国家或地区或企业制订的预算定额及取费标准计算的社会平均成本或企业平均成本，是以施工图预算为基础进行分析、预测、归集和计算确定的。预算成本包括直接成本和间接成本，是控制成本支出、衡量和考核项目实际成本节约或超支的重要尺度。

2. 计划成本

计划成本是在预算成本的基础上，根据企业自身的要求，如内部承包合同的规定，结合施工项目的技术特征、自然地理特征、劳动力素质、设备情况等确定的标准成本，亦称目标成本。计划成本是控制施工项目成本支出的标准，也是成本管理的目标。

3. 实际成本

实际成本是工程项目在施工过程中实际发生的可以列入成本支出的各项费用的总和，是工程项目施工活动中劳动耗费的综合反映。

以上各种成本的计算既相互联系，又有区别。预算成本反映施工项目的预计支出，实际成本反映施工项目的实际支出。实际成本与预算成本相比较，可以反映对社会平均成本（或企业平均成本）的超支或节约，综合体现了施工项目的经济效益；实际成本与计划成本的差额即是项目的实际成本降低额，实际成本降低额与计划成本的比值称为实际成本降低率；预算成本与计划成本的差额即是项目的计划成本降低额，计划成本降低额与预算成本的比值称为计划成本降低率。通过几种成本的相互比较，可以看出成本计划的执行情况。

（二）按计算项目成本对象的范围分类

施工项目成本可分为建设项目工程成本、单项工程成本、单位工程成本、分部工程成本和分项工程成本。

1. 建设项目工程成本

建设项目工程成本是指在一个总体设计或初步设计范围内，由一个或几个单项工程组成，经济上进行独立核算，行政上实行统一管理的建设单位，建成后可独立发挥生产能力或效益的各项工程所发生的施工费用的总和，如某个汽车制造厂的工程成本。

2. 单项工程成本

单项工程成本是指具有独立的设计文件，在建成后可独立发挥生产能力或效益的各项工程所发生的施工费用，如某汽车制造厂内某车间的工程成本、某栋办公楼的工程成本等。

3. 单位工程成本

单位工程成本是指单项工程内具有独立的施工图和独立施工条件的工程施工中所发生的施工费用，如某车间的厂房建筑工程成本、设备安装工程成本等。

4. 分部工程成本

分部工程成本是指单位工程内按结构部位或主要工种部分进行施工所发生的施工费用，如车间基础工程成本、钢筋混凝土框架主体工程成本、屋面工程成本等。

5. 分项工程成本

分项工程成本是指分部工程中划分最小施工过程施工时所发生的施工费用，如基础开挖、砌砖、绑扎钢筋等的工程成本，是构建建设项目成本的最小成本单元。

（三）按工程完成程度的不同分类

施工项目成本分为本期施工成本、本期已完成施工成本、未完成施工成本和竣工施工成本。

1. 本期施工成本

本期施工成本是指施工项目在成本计算期间进行施工所发生的全部施工费用，包括本期完工的工程成本和期末未完工的工程成本。

2. 本期已完成施工成本

本期已完成施工成本是指在成本计算期间已经完成预算定额所规定的全部内容的分部分项工程成本。包括上期未完成由本期完成的分部分项工程成本，但不包括本期期末的未完成分部分项工程成本。

3. 未完成施工成本

未完施工成本是指已投料施工，但未完成预算定额规定的全部工序和内容的分部分项工程所支付的成本。

4. 竣工施工成本

竣工施工成本是指已经竣工的单位工程从开工到竣工整个施工期间所支出的成本。

（四）按生产费用与工程量的关系分类

按照生产费用与工程量的关系分类，可以将建筑工程项目成本分为固定成本和变动成本。

1. 固定成本

固定成本是指在一定期间和一定的工程量范围内，发生的成本额不受工程量增减变动的影响而相对固定的成本，如折旧费、大修理费、管理人员工资、办公费等。所谓固定，是指其总额而言，对于分配到每个项目单位工程量上的固定成本，则与工程量的增减成反比关系。

固定成本通常又分为选择性成本和约束性成本。选择性成本是指广告费、培训费、新技术开发费等，这些费用的支出无疑会带来收入的增加，但支出的数量却并非绝对不可变；约束性成本是通过决策也不能改变其数额的固定成本，如折旧费、管理人员工资等。要降低约束性成本，只有从经济合理地利用生产能力、提高劳动生产率等方面着手。

2. 变动成本

变动成本是指发生总额随着工程量的增减变动而成正比变动的费用，如直接用于工程的材料费、实行计划工资制的人工费等。所谓变动，就其总额而言，对于单位分项工程上的变动成本通常是不变的。

将施工成本划分为固定成本和变动成本，对于成本管理和成本决策具有重要作用，也是成本控制的前提条件。由于固定成本是维持生产能力所必需的费用，要降低单位工程量分担的固定费用，可以通过提高劳动生产率、增加企业总工程量数额以及降低固定成本的绝对值等途径来实现；降低变动成本则只能从降低单位分项工程的消耗定额入手。

三、建筑工程项目成本管理的职能及地位

（一）建筑工程项目成本管理的职能

建筑工程项目成本管理是建筑工程项目管理的一个重要内容。建筑工程项目成本管理是收集、整理有关建筑工程项目的成本信息，并利用成本信息对相关项目进行成本控制的管理活动。建筑工程项目成本管理包括提供成本信息、利用成本信息进行成本控制两大活动领域。

1. 提供建筑工程项目的成本信息

提供成本信息是施工项目成本管理的首要职能。成本管理为以下两方面的目的提供成本信息。

（1）为财务报告目的提供成本信息

施工企业编制对外财务报告至少在两个方面需要施工项目的成本信息：资产计价和损益计算。施工企业编制对外财务报表，需要对资产进行计价确认，这一工作的相当一部分是由施工项目成本管理来完成的。如库存材料成本、未完工程成本、已完工程成本等，要通过施工项目成本管理的会计核算进行确定。施工企业的损益是收入和相关的成本费用配比以后的计量结果，损益计算所需要的成本资料主要通过施工项目成本管理取得。为财务报告目的提供的成本信息，要遵循财务会计准则和会计制度的要求，按照一般的会计核算原理组织施工项目的成本核算。为此目的所进行的成本核算，具有较强的财务会计特征，属于会计核算体系的内容之一。

（2）为经营管理目的提供成本信息

经营管理需要各种成本信息，这些成本信息，有些可以通过与财务报告目的相同的成本信息得到满足，如材料的采购成本、已完工程的实际成本等。这类成本信息可以通过成本核算来提供。有些成本信息需要根据经营管理所设计的具体问题加以分析计算，如相关成本、责任成本等。这类成本信息要根据经营管理中所关心的特定问题，通过专门的分析计算加以提供。为经营管理提供的成本信息，一部分来源于成本核算提供的成本信息，另一部分要通过专门的方法对成本信息进行加工整理。经营管理中所面临的问题不同，所需要的成本信息也有所不同。为了实现不同的目的，成本管理需要提供不同的成本信息。“不同目的，不同成本”是施工项目成本管理提供成本信息的基本原则。

2. 建筑工程项目成本控制

建筑工程项目成本管理的另一个重要职能就是对工程项目进行成本控制。按照控制的一般原理，成本控制至少要涉及设定成本标准、实际成本的计算和评价管理者业绩三个方面的内容。从建筑工程项目成本管理的角度来看，这一过程是由确定工程项目标准成本、标准成本与实际成本的差异计算、差异形成原因的分析这三个过程来完成的。

随着建筑工程项目现代化管理的发展，工程项目成本控制的范围已经超过了设定标准、差异计算、差异分析等内容。建筑工程项目成本控制的核心思想是通过改变成本发生的基础条件来降低工程项目的工程成本。为此，就需要预测不同条件下的成本发展趋势，对不同的可行方案进行分析和选择，采取更为广泛的措施控制建筑工程项目成本。

总之，建筑工程项目成本管理的职能体现在提供成本信息和实施成本控制两个方面，可以概括为建筑工程项目的成本核算和成本控制。

（二）建筑工程项目成本管理在建筑工程项目管理中的地位

随着建筑工程项目管理在广大建筑施工企业中逐步推广普及，项目成本管理的重要性也日益为人们所认识。可以说，项目成本管理正在成为建筑工程项目管理向深层次发展的主要标志和不可或缺的内容。

1. 建筑工程项目成本管理体现建筑工程项目管理的本质特征

建筑施工企业作为我国建筑市场中独立的法人实体和竞争主体，之所以要推行项目管理，原因就在于希望通过建筑工程项目管理，彻底突破传统管理模式，以满足业主对建筑产品的需求为目标，以创造企业经济效益为目的。成本管理工作贯穿于建筑工程项目管理的全过程，施工项目管理的一切活动实际也是成本活动，没有成本的发生和运动，施工项目管理的生命周期随时可能被中断。

2. 建筑工程项目成本管理反映施工项目管理的核心内容

建筑工程项目管理活动是一个系统工程，包括工程项目的质量、工期、安全、资源、合同等各方面的管理工作，这一切的管理内容，无不与成本的管理息息相关。与此同时，各项专业管理活动的成果又决定着建筑工程项目成本的高低。因此，建筑工程项目成本管理的好坏反映了建筑工程项目管理的水平，成本管理是项目管理的核心内容。建筑工程项目成本若能通过科学、经济的管理满足预期的目的，则能带动建筑工程项目管理乃至整个企业管理水平的提高。

第二节 建筑工程项目成本管理问题

一、建筑工程项目成本管理中存在的问题

当前，我国施工企业在工程项目成本管理方面，存在着制度不完善、管理水平不高等问题，造成成本支出大、效益低下的不良局面。

（一）没有形成一套完善的责权利相结合的成本管理体制

任何管理活动，都应建立责权利相结合的管理体制才能取得成效，成本管理也不例外。成本管理体系中专案经理享有至高无上的权力，在成本管理及专案效益方面对上级领导负责，其他业务部门主管以及各部门管理人员都应有相应的责任、权力及利益分配相配套的管理体制加以约束和激励。而现行的施工专案成本管理体制，没有很好地将责权利三者结合起来。

有些专案经理部简单地将专案成本管理的责任归于成本管理主管，没有形成完善的成本管理体系。例如某工程项目，因质量问题导致返工，造成直接经济损失 10 多万元，结果因职责分工不明确，找不到直接负责人，最终不了了之，使该工程蒙受了巨大的损失，而真正的责任人却逃脱了应有的惩罚。又如某专案经理部某技术员提出了一个经济可行的施工方案，为专案部节省了 10 多万元的支出，此种情况下，如果不进行奖励，就会在一定程度上挫伤技术发明人的积极性，不利于专案部更进一步的技术开发，也就不利于工程项目的成本管理与控制。

（二）忽视工程项目"质量成本"的管理和控制

“质量成本”是指为保证和提高工程质量而发生的一切必要费用，以及因未满足质量标准而蒙受的经济损失。“质量成本”分为内部故障成本（如返工、停工等引起的费用）、外部故障成本（如保修、索赔等引起的费用）、质量预防费用和质量检验费用 4 类。保证质量往往会引起成本的变化，但不能因此把质量与成本对立起来。长期以来，我国施工企业未能充分认识质量和成本之间的辩证统一关系，习惯强调工程质量，而对工程成本关心不够，造成工程质量虽然有了较大提高，但增加了提高工程质量所付出的质量成本，使经济效益不理想，企业资本积累不足；专案经理部却存在片面追求经济效益，而忽视质量，虽然就单项工程而言，利润指数可能很高，但是因质量上不去，可能会增加因未达到质量标准而付出的额外质量成本，既增加了成本支出，又对企业信誉造成不良影响。

（三）忽视工程项目＂工期成本＂的管理和控制

“工期成本”是指为实现工期目标或合同工期而采取相应措施所发生的一切费用。工期目标是工程项目管理三大主要目标之一，施工企业能否实现合同工期是取得信誉的重要条件。工程项目都有其特定的工期要求，保证工期往往会引起成本的变化。我国施工企业对工期成本的重视也不够，特别是专案经理部虽然对工期有明确的要求，但对工期与成本的关系很少进行深入研究，有时会盲目地赶工期要进度，造成工程成本的额外增加。

（四）专案管理人员经济观念不强

目前，我国的施工专案经理部普遍存在一种现象，即在专案内部，搞技术的只负责技术和质量，搞工程的只负责施工生产和工程进度，搞材料的只负责材料的采购及进场点验工作。这样表面上看来职责清晰，分工明确，但专案的成本管理是靠大家来管理、去控制的，专案效益是靠大家来创造的。如果搞技术的为了保证工程质量，选用可行、却不经济的方案施工，必然会虽然保证了质量，但增大了成本；如果搞材料的只从产品质量角度出发，采购高强优质高价材料，即使是材料使用没有一点浪费，但成本还是降不下来。

二、建筑工程项目成本管理措施

（一）建立全员、全过程、全方位控制的目标成本管理体系

要使企业成本管理工作落到实处，降低工程成本，提高企业效益，必须建立一套全员、全过程、全方位控制的目标成本管理体系，做到每个员工都有目标成本可进行考核，每个员工都必须对目标成本的实施和提高做出贡献并对目标成本的实施结果负有责任和义务，使成本的控制按工程项目生产的准备、施工、验收、结束等发生的时间顺序建立目标成本事前测算，事中监督、执行，事后分析、考核、决策的全过程密切衔接、周而复始的目标成本管理体系。

（二）采取组织措施控制工程成本

首先要明确成本控制贯穿于工程建设的全过程，而成本控制的各项指标有其综合性和群众性，所有的项目管理人员，特别是项目经理，都要按照自已的业务分工各负其责，只有把所有的人员组织起来，共同努力，才能达到成本控制的目的。因此必须建立以项目经理为核心的项目成本控制体系。

成本管理是全企业的活动，为使项目成本消耗保持在最低限度，实现对项目成本的有效控制，项目经理应将成本责任落实到各个岗位、落实到专人，对成本进行全过程控制、全员控制、动态控制，形成一个分工明确、责任到人的成本管理责任体系。应协调好公司与公司之间的责、权、利的关系。同时，要明确成本控制者及任务，从而使成本控制有人负责。同时还可以设立项目部成本风险抵押金，激励管理人员参与成本控制，这样就大大地提高了项目部管理人员控制成本的积极性。

（三）工程项目招标投标阶段的成本控制

工程建筑项目招标活动中，各项工作的完成情况均对工程项目成本产生一定的影响，尤其是招标文件编制、标底或招标控制价编制与审查。

1. 做好招标文件的编制工作

造价管理人员应收集、积累、筛选、分析和总结各类有价值的数据、资料，对影响工程造价的各种因素进行鉴别、预测、分析、评价，然后编制招标文件。对招标文件中涉及费用的条款要反复推敲，尽量做到“知己知彼”。

2. 合理低价者中标

目前推行的工程量清单计价报价与合理低价中标，作为业主方应杜绝一味寻求绝对低价中标，以避免投标单位以低于成本价进行恶意竞争。做好合同的签订工作，应按合同内容明确协议条款，对合同中涉及费用的如工期、价款的结算方式、违约争议处理等，都应有明确的约定。此外，应争取工程保险、工程担保等风险控制措施，使风险得到适当转移、有效分散和合理规避，提高工程造价的控制效果。

（四）采用先进工艺和技术，以降低成本

工程在施工前，要注定施工技术规章制度，特别是在节约措施方面，要采用适合本工程的新技术、新设备和新材料等工艺。认真对工程的各个方面进行技术告知，严格执行技术要求，保障工程质量和工程安全。通过这些措施可以保证工程质量，控制工程成本，还可以达到降低工程成本的目的。建筑承包商在签订承包协议后，应该马上开始准备有关工程的承包和材料订购事宜。承包商与分包商所签署的协议要明确各自的权利和义务，内容要完善严谨，这样可以降低发生索赔的概率。订货合同是承包各方所签订的合同，要写明材料的类别、名称、数量和总额，方便建筑工程成本控制。

（五）完善合同文本，避免法律损失以及保险的理赔

施工项目的各种经济活动，都是以合同或协议的形式出现，如果合同条款不严谨。就会造成自己蒙受损失时应有的索赔条款不能成立，产生不必要的损失。所以必须细

致周密地订立严谨的合同条款。首先，应有相对固定的经济合同管理人员，并且精通经济合同法规有关知识，必要时应持证上岗；其次，应加强经济合同管理人员的工作责任心；最后，要制订相应固定的合同标准格式。各种合同条款在形成之前应由工程、技术、合同、财务、成本等业务部门参与定稿，使各项条款内涵清楚。

（六）加强机械设备的管理

正确选配和合理使用机械设备，搞好机械设备的保养维修，提高机械的完好率、利用率和使用效率，进而加快施工进度、增加产量、降低机械使用费。在决定购置设备前应进行技术经济可行性分析，对设备购买和租赁方案进行经济比选，以取得最佳的经济效益。项目部编制施工方案时，必须在满足质量、工期的前提下，合理使用施工机械，力求使用机械设备最少和机械使用时间最短，最大程度地发挥机械利用效率。应当做好机械设备维修保养工作，操作人员应坚持搞好机械设备的日常保养，使机械设备经常保持良好状态。专业修理人员应根据设备的技术状况、磨损情况、作业条件、操作维修水平等情况，进行中修或大修，以保障施工机械的正常运转使用。

（七）加强材料费的控制

严格按照物资管理控制程序进行材料的询价、采购、验收、发放、保管、核算等工作。采购人员结合施工人员的采购计划，经主管领导批准后，通过对市场行情进行调查研究，在保质保量的前提下，货比三家，择优购料（大宗材料实施公司物资部门集中采购的制度）。主要工程材料必须签订采购合同后实施采购。合理组织运输，就近购料，选用最经济的运输方法，以降低运输成本，考虑资金的时间价值，减少资金占用，合理确定进货批量和批次，尽可能降低材料储备。

坚持实行限额领料制度，各班组只能在规定限额内分期分批领用，如超出限额领料，要分析原因，及时采取纠正措施，低于定额用料，则可以进行适当的奖励；改进施工技术，推广使用降低消耗的各种新技术、新工艺、新材料；在对工程进行功能分析、对材料进行性能分析的基础上，力求用价格低的材料代替价格高的。同时认真计量验收，坚持废旧物资处理审批制度，降低料耗水平；对分包队伍领用材料坚持三方验证后签字领用，及时转嫁现场管理风险。

总之，进行项目成本管理，可以改善经营管理，合理补偿施工耗费，保证企业再生产的顺利进行，提升企业整体竞争力。建筑施工企业应加强工程安全、质量管理，控制好施工进度，努力寻找降低工程项目成本的方法和途径，使建筑施工企业在竞争中立于不败之地。

三、建筑工程成本的降低

（一）降低建筑工程成本的重要性

1. 降低建筑工程项目成本，能有效地节约资源

从工程项目实体构成看，项目实体是由诸多的建筑材料构成的。从项目成本费用看，建筑工程项目实体材料消耗一般超过总成本的60%，所用资源及材料涉及钢材、水泥、木材、石油、淡水、土地等众多种类。目前我国经济保持快速稳定的发展，资源短缺将成为制约我国经济发展的主要障碍。中国自然资源总量虽然居世界前列，但人均占有量落后于世界平均水平，我们不能盲目将未来能源寄托在未来技术发展之上，节能是一种战略选择，而建筑节能是节能工作中的重中之重。

2. 降低建筑工程项目成本，是提高企业竞争能力的需要

企业生存的基础是以利润的实现为前提。利润的实现是企业扩大再生产，增强企业实力、提高行业竞争力的必要条件。成本费用高、经济效益低是中国建筑业的基本状况，要提高建筑企业利润，提高行业竞争力，促进企业有效竞争，必须降低建筑工程项目成本。

3. 降低建筑工程项目成本是促进国民经济快速发展的需要

劳动密集型作业，生产效率低，是目前我国建筑工程项目的主要特点。制订最佳施工组织设计或施工方案，提高劳动生产率，降低建筑工程项目成本，是建筑企业提高经济效益和社会效益的手段，是推动国民经济快速发展的前提条件。

（二）降低建筑工程成本的措施

降低建筑成本既是我国市场经济的外在需要，同时，也是企业自身发展的内在需求。建筑企业要想提高竞争力，获得更多的利润，就必须在保证建筑产品质量的前提下，降低建筑成本。

1. 降低人工成本

人工成本是指企业在一定时期内生产经营和提供劳务活动中因使用劳动力所发生的各项直接和间接人工费用的总和。在现代企业中，员工的价值不再仅仅表现为企业必须支付的成本，而是可为企业增值的资本，他能为企业带来远高于成本的价值。因而，要降低人工成本，不能像传统企业那样，盲目地减少员工的薪金福利，而是要保障他们的利益，提高员工工作效率。

首先，企业要积极地贯彻执行国家法律法规及各项福利政策，按时效地支付社会保险费、医疗费、住房费等，为员工提供社会保障，解除他们的后顾之忧。其次，企

业要对员工进行培训，提高员工的综合素质，使工作态度和工作动机得到改善，从而使工作效率得到提高。使员工具有可竞争性、可学习性、可挖掘性、可变革性、可凝聚性和可延续性。再次，各部门要做好协调配合工作。一个企业要想有效地控制人工成本，仅仅依赖人力资源部门的工作是不够的，需要财务、计划、作业等各部门的协调配合并贯彻实施。所以，在进行人工成本控制的同时，必须确保各部门都能通力合作。最后，要建立最优的用工方案。

2. 降低材料成本

材料成本占总实际成本的 65% ~ 70%，降低材料成本对减少整个工程的成本具有很大的意义。

首先，在工程预算前对当地市场行情进行调查，遵循“质量好、价格低、运距短”的原则，做到货比三家，公平竞标，坚持做到同等质量比价格，同等价格比服务，订制采购计划。

其次，根据工程的大小和以往工程的经验估计材料的消耗，避免材料浪费。在施工过程中要定期盘点，随时掌握实际消耗和工程进度的对比数据，避免出现停工待料事件的发生。在工程结束后对周转材料要及时回收、整理，使用完毕及时退场，这样有利于周转使用和减少租赁费用，进而降低成本。

再次，要加强材料员管理。在以往的施工过程中，由施工现场的材料员一个人负责材料的验收、管理、记账等工作，全过程操作没有完善的监督，给企业的材料管理带来了很大的隐患，如果改为材料员与专业施工员共同验收，材料员负责联系供货、记账，专业施工员负责验收材料的数量和质量，这样，既有了相互的监控，又杜绝了出现亏损而相互推诿的现象。

最后，在使用管理上严格执行限额领料制度，在下达班组技术安全交底时就明确各种材料的损耗率，对材料超耗的班组严格罚款，从而杜绝使用环节上的漏洞，对于做到材料节约的班组，按节约的材料价值给予一定的奖励。

3. 降低机械及运输成本

机械费用对施工企业是十分重要的。使用机械时要先进行技术经济分析再决定购买还是租赁。在购买大型机械方面要从长远利益出发，要对建筑市场发展有充分的估计，避免工程结束后机械的大量闲置和浪费造成资金周转不灵，合理调度以便提高机械使用率，严格执行机械维修保养制度，来确保机械的完好和正常运转。在租赁机械方面要选择信誉较好的租赁公司，对租赁来的机械进行严格检查，在使用过程中做好机械的维护和保养工作，合理选配机械设备，充分发挥机械技术性能。同时，还应采用新技术、新工艺，提高劳动生产率，减少人工材料浪费和消耗，力求做到一次成为合格优良，杜绝因质量原因造成的材料损失、返工损失。

减少运输成本，一方面要做好批量运输批量存放工作。企业在运输过程中应尽量进行一些小批量组合、较大批量运输。货物堆放时也要用恰当的方法，根据货物的种类和数量，做出不同的决策，减少货损，提高效益。做好运输工具的选择。各类商品的性质不同，运输距离相同，决定了不同运输工具的选择。设计合理的运输路线，避免重复运输、往返运输及迂回运输，尽量减少托运人的交接手续。选择最短的路线将货物送达目的地。为避免因回程空驶造成的成本增加，企业要广泛收集货源信息，在保证企业自身运输要求的前提下实现回程配载，降低运输成本。另一方面可考虑采用施工企业主材统一采购和配送管理。联合几家施工单位进行材料统一采购、统一运输，集成规模运输，也可以减少运输成本。

4. 加强项目招投标成本控制

作为整个项目成本的一部分，招投标成本控制不可忽视。业主应根据要求委托合法的招投标代理机构主持招投标活动，制订招标文件，委托具有相应资质的工程造价事务所编制、审核工程量清单及工程的最高控制价，并对其准确性负责；根据工程规模、技术复杂程度、施工难易程度、施工自然条件按工程类别编制风险包干系数计入工程最高控制价，同时制订合理工期。业主在开标前应根据程序从评标专家库中选取相应评标专家组建评标委员会进行评标，评标委员会对投标人的资格进行严格审查，资格审查合格后投标人的投标文件才能参加评审。评标委员会通过对投标人的总投标报价、项目管理班子、机械设备投入、工期和质量的承诺及以往的成绩等进行评审，最终确定中标人。

第三节　建筑工程项目成本控制对策

一、建筑工程项目施工成本控制措施

为了获得施工成本控制的理想成效，应当从多方面采取措施实施管理，通常可以将这些措施归纳为组织措施、技术措施、经济措施、合同措施。

（一）组织措施

1. 落实组织机构和人员

落实组织机构和人员是指施工成本管理组织机构和人员的落实，各级施工成本管理人员的任务和职能分工、权利和责任的明确。施工成本管理不仅是专业成本管理人员的工作，而且各级项目管理人员都负有成本控制的责任。

2. 确定工作流程

编制施工成本控制工作计划，确定合理详细的工作流程。

3. 做好施工采购规划

通过生产要素的优化配置、合理使用、动态管理，有效控制实际成本；加强施工定额管理和施工任务单管理，控制劳动消耗。

4. 加强施工调度

避免因施工计划不周和盲目调度造成窝工损失、机械利用率低、物料积压等，从而使施工成本增加。

5. 完善管理体制、规章制度

成本控制工作只有建立在科学管理的基础之上，具备合理的管理体制、完善的规章制度、稳定的作业秩序以及完整准确的信息传递，才能取得成效。

（二）技术措施

1. 进行技术经济分析，确定最佳的施工方案

在进行技术方面的成本控制时，要进行技术经济分析，确定最佳施工方案。

2. 结合施工方法，进行材料使用的选择

在满足功能要求的前提下，通过代用、改变配合比、使用添加剂等方法降低材料消耗的费用；明确最适合的施工机械、设备使用方案。结合项目的施工组织设计及自然地理条件，降低材料的库存成本和运输成本。

3. 先进施工技术的应用，新材料的运用，新开发机械设备的使用等

在实践中，也要避免仅从技术角度选定方案而忽视了对其经济效果的分析论证。

4. 运用技术纠偏措施

一是要能提出多个不同的技术方案，二是要对不同的技术方案进行技术经济分析。

（三）经济措施

（1）编制资金使用计划，确定、分解施工成本管理目标。

（2）进行风险预估，制订防范性对策。

（3）及时准确地记录、收集、整理、核算实际发生的成本。

对各种变更，及时做好增减账，及时落实业主签证，及时结算工程款。通过偏差分析和未完成工程预测，可发现一些潜在的问题将引起未完工程施工成本的增加，对这些问题应该以主动控制为出发点，及时采取预防措施。由此可见，经济措施的运用绝不仅仅是财务人员的事。

（四）合同措施

1. 对各种合同结构模式进行分析、比较

在合同谈判时，要争取选择适合于工程规模、性质和特点的合同结构模式。

2. 注意合同的细节管控

在合同的条款中应仔细考虑影响成本和效益的因素，特别是潜在的风险因素。通过对引起成本变动的风险因素的识别和分析，采取必要的风险对策，如通过合理的方式，增加承担风险的个体数量，降低损失发生的必然性，并最终使这些策略反映在合同的具体条款中。

3. 合理注意合同的执行情况

在合同执行期间，合同管理的措施既要密切注意对方合同执行的情况，以寻求合同索赔的机会；同时也要密切关注自己履行合同的情况，以防止被对方索赔。

二、建筑工程项目施工成本核算

（一）建筑工程项目成本核算目的

施工成本核算是施工企业会计核算的重要组成部分，它是指对工程施工生产中所发生的各项费用，按照规定的成本核算对象进行归集和分配，以确定建筑安装工程单位成本和总成本的一种专门方法。施工成本核算的任务主要包括以下几方面：

第一，执行国家有关成本开支范围，费用开支标准，工程预算定额和企业施工预

算，成本计划的有关规定，控制费用，促使项目合理，节约地使用人力、物力和财力。这是施工成本核算的先决前提和首要任务。

第二，正确及时地核算施工过程中发生的各项费用，计算施工项目的实际成本。这是施工成本核算的主体和中心任务。

第三，反映和监督施工项目成本计划的完成情况，为项目成本预测，为参与项目施工生产、技术和经营决策提供可靠的成本报告和有关资料，推动项目改善经营管理，降低成本，提高经济效益，这是施工成本核算的根本目的。

（二）建筑工程成本核算的正确认识

1. 做好成本预算工作

成本预算是施工成本核算与管理工作开展的基础，成本预算工作人员需要结合已经中标的价格，并且根据工程建设区域的实际情况、现有的施工条件和施工技术人员的综合素质，多方面地进行思考，最终合理、科学地对工程施工成本进行预测。通过预测可以确定工程项目施工过程中各项资源的投入标准，其中包括人力、物力资源等，并且制订限额控制方案，要求施工单位应该将施工成本投入控制在额定范围之内。

2. 以成本控制目标为基础，明确成本控制原则

工程项目施工过程中对于资金的消耗、施工进度，都是依据工程施工成本核算与管理来进行监督和控制的。加强施工过程成本管理，相关工作人员需要坚持以下原则：首先就是节约原则，在保证工程建设质量的前提下节约工程建设资源投入。其次就是全员参与原则，工程施工成本管理并不仅仅是财务工作人员的责任，而是所有参与工程项目建设工作人员的责任。还有就是动态化控制原则，在工程项目施工过程中会受到众多不利因素的影响，导致工程项目发生变更，这些内容会导致施工成本的增加，只有落实动态化控制原则才能全面掌握施工成本控制变化情况。

（三）建筑工程成本预算方法

1. 降低损耗，精准核算

相关工作人员在对施工成本进行核算的过程中，需要从施工人员、工程施工资金、原材料投入等众多方面切入，还需要深入考虑工程建设区域的实际情况，再利用本身具有的专业知识，科学、合理地确定工程施工成本核算定额。工作人员还需要注意的是，对于工程施工过程中人工、施工机械设备、原材料消耗等费用相关的管理资金投入进行严格的审核。对于工程施工原材料采购需要给予高度的重视，采购前要派遣专业人员进行建筑市场调查，对于材料的价格、质量，以及供应商的实力进行全面的了解。尽可能地做到货比三家，应用低廉的价格购买质量优异的原材料。

当施工材料运送到施工现场后，需要对材料的质量检验合格证书进行检验，只有质量合格的施工材料才能进入施工现场。在对施工队伍进行管理的过程中，还需要注重激励制度的落实，设置多个目标阶段激励奖项，对考核制度进行健全和完善。这样可以帮助工程项目施工队伍树立良好的成本核算意识，缩减工程项目施工成本投入，提高施工效率，帮助施工企业赢得更多的经济利益。

2. 建立项目承包责任制

在工程项目施工时，可以进行对工程进行内部承包制，促使经营管理者自主经营、自负盈亏、自我发展，自我约束。内部承包的基本原则是："包死基数，确保上缴，超收多留，歉收自补"，工资与效益完全挂钩。这样，可以使成本在一定范围内得到有效控制，并为工程施工项目管理积累经验，并且可操作性极强，方便管理。采取承包制，在具体操作上必须切实抓好组织发包机构、合同内容确定、承包基数测定、承包经营者选聘等环节的工作。由于是内部承包，如发生重大失误导致成本严重超支时则不易处理。因此，要抓好重要施工部位、关键线路的技术交底和质量控制。

3. 严格过程控制

建筑工程项目如何加强成本管理，首先就必须从人、财、物的有效组合和使用全过程中狠下功夫，严格过程控制，加强成本管理。比如，对施工组织机构的设立和人员、机械设备的配备，在满足施工需要的前提下，机构要精简直接，人员要精干高效，设备要充分高效利用。对材料消耗、配件的更换及施工工序控制，都要按规范化、制度化、科学化进行。这样，既可以避免或减少不可预见因素对施工的干扰，也能够使自身生产经营状况在影响工程成本构成因素中的比例降低，从而有效控制成本，提高效益。过程控制要全员参与、全过程控制，这与施工人员的素质、施工组织水平有很大关系。

三、建筑工程项目成本管理信息化

（一）信息化管理的定义及作用

工程项目的信息化管理是指在工程项目管理中，通过充分利用计算机技术、网络技术等高科技技术，实现项目建设、人工、材料、技术、资金等资源整合，并对信息进行收集、存储、加工等，帮助企业管理层决策，从而达到提高管理水平、降低管理成本的目标。项目管理者可以结合项目的特点，及时并准确地做出有效的数据信息整理，实现对项目的监控能力，进而在保障施工进度、安全和质量的前提下实现降低成本的最大化。工程项目成本控制信息化管理的重要作用主要体现在以下几个方面。

1. 有效提高建筑工程企业的管理水平

通过信息化管理实现对建筑工程的远程监控，能够及时有效地发现建设过程中成本管理所存在的问题和不足，进而不断改进，不断提高建筑工程企业的管理水平，实现全面的、完善的管理系统，提高企业效益。

2. 对工程项目管理决策提供重要的依据

在项目管理中，管理者可以根据信息化管理系统中的信息，及时、准确地对各种施工环境做出准确有效的决策和判断，为管理者提供可靠有效的信息，并实现对工程项目管理水平进行评估。

3. 提高工程项目管理者的工作效率

通过高科技技术实现信息化管理，是项目工程成本管理的重要举措。工程项目成本控制的信息化管理能够实现相关信息的共享，提高工程施工人员工作的强度和饱和度，从而减少工作的出错率，并通过宽松的时间和合作单位保持有效的沟通，从而使得双方达到满意的状态。

（二）建筑工程项目成本管理信息化的意义

建筑企业良好的社会信誉和施工质量无疑能增强企业的市场竞争优势，但是，就充分竞争的建筑行业、高度同质化的施工产品来说，价格因素越来越成为决定业主选择承建商的最重要因素。因此，如何降低建筑工程项目的运营成本，加强建筑工程项目成本管理是目前建筑企业增强竞争力的重要课题之一。

建筑工程项目成本管理信息化必须适应建筑行业的特点和发展趋势，以先进的管理理念和方法为指导，依托现代计算机工具，建立一条操作性强的、高速实时的、信息共享的操作体系，贯穿工程项目的全过程，形成各管理层次、各部门、全员实时参与，信息共享、相互协作的，以项目管理为主线，以成本管理为核心，实现建筑企业财务和资金统筹管理的整体应用系统。

建筑工程项目成本管理信息化也就当然成为建筑工程项目管理信息化的焦点和突破口。为了更有效地完成建筑工程项目成本管理，从而在激烈的市场竞争中保持建筑企业竞争的价格优势，在工程项目管理中引入成本管理信息系统是必要的，也是可行的。

建筑工程项目成本管理信息系统的应用及其控制流程和系统结构信息网络化的冲击，不仅大大缩短了信息传递的过程，而且使上级有可能实时地获取现场的信息和做出快速反应，并且由于网络技术的发展和应用，大大提高了信息的透明度，削弱了信息不对称性，对中间管理层次形成压力，从而实现有效的建筑工程项目成本管理。

（三）建筑工程项目成本管理中管理信息系统的应用

1. 系统的应用层次

工程项目管理信息系统在运作体系上包含三个层次：总公司、分公司以及工程项目部。其中总公司主要负责查询工作，而分公司将所有涉及工程的成本数据都存储在数据库服务器上，工程项目部则是原始数据采集之源。这个系统主要包括系统管理、基础数据管理、机具管理、采购与库存管理、人工分包管理、合同管理中心、费用控制中心、项目中心共计八个模块。八个模块相辅相成，共同构成一个有机的整体。

2. 工程项目管理流程

项目部通过成本管理系统软件对施工过程中产生的各项费用进行控制、核算、分析和查询。通过相关程序以及内外部网络串联起各个独立的环节，使其实现有机化，最终汇总到项目部。由总部实现数据的实时掌控，通过对数据的详细分析，能够进行成本优化调节。

3. 工程项目成本管理系统的软件结构

成本管理系统软件由以下几个部分组成：预算管理程序、施工进度管理程序、成本控制管理程序、材料管理程序、机具管理程序、合同事务管理程序以及财务结算程序等组成。

预算管理又包含预算书及标书的管理、项目成本预算的编制。其中的预算书为制订生产计划的重要依据，而项目成本预算是制订成本计划的依据之一。

4. 成本核算系统

成本核算作为成本管理的核心环节，居于主要地位。成本核算能够提供费用开支的依据，同时根据它可以对经济效益进行评价。工程项目成本核算的目的是为了取得项目管理所需要的信息，而“信息”作为一种生产资源，同劳动力、材料、施工机械一样，获得它是需要成本的。工程项目成本核算应坚持形象进度、产值统计以及成本归集三同步的原则。项目经理部应按规定的时间间隔进行项目成本核算。成本核算系统就是帮助项目部及公司根据工程项目管理和决策需要进行成本核算的软件，也可称其为工程项目成本核算软件。

第六章 建筑工程项目进度管理与优化创新

第一节 建筑工程项目进度管理概述

一、项目进度管理

（一）引例

下面是一则关于项目进度管理的例子。

H 公司前不久接下了一个软件项目，其主要内容是为一个餐饮公司做一个 MIS 系统，并且要求整个项目在 3 个月之内完成。合同签署之后，该公司指派了一名项目经理，在经过需求调查之后，该项目经理向公司提交了一份详细的项目计划书，而且项目完成的时间也完全与合同要求相同，为期整整 3 个月。

时间过得很快，项目似乎也进展得很顺利，项目经理也严格按照规定每周上交了漂亮的进度报告，项目完成的百分比也一直和项目计划保持一致。

很快到了第 11 周，项目进度指示已完成总项目 85%。但是，在第 12 周出了问题，导致项目无法按时交付，希望能够再延长 3 周。H 公司的市场部门急了，你不是上周就完成了 85% 吗？这周出了什么问题！项目经理解释说，项目的需求一直有变化，增加了不少工作量。没办法，市场部门开始向客户解释。3 周过去后，进度报告上指示完成了 90%，希望能够再延长 3 周。

这时候不仅是市场部门火了，客户也气急败坏。但是这并没有解决问题，项目一直拖到了第 5 个月才完成，延期交付，给 H 公司造成了巨大的经济与信誉损失。

通过分析以上案例，可以发现，问题的主要原因是软件开发项目的进度管理没有做好，主要存在以下问题。

（1）所有的项目进度计划均是由项目经理的估计值制订的，也就是说项目经理包办了整个项目进度计划的制订工作。

（2）在项目进度计划中只是简单地在每个阶段的结束时间上标了一个里程碑符号。

（3）进度报告中的项目完成百分比，可能是直接通过“已经历的时间”计算得到的。

（4）项目过程中，需求在变化，但项目计划却没有及时跟进。

（5）项目延迟的主要原因在于两个方面：项目需求增加以及系统设计和编码实现的时间都超过了原先的计划。

（二）项目进度管理的基本概念

1. 进度的概念

进度是指项目活动在时间上的排列，其主要强调的是一种工作进展以及对工作的协调和控制，所以常有加快进度、赶进度、拖了进度等称谓。对于进度，还常以其中的一项内容——“工期”来代称，讲工期也就是讲进度。只要是项目，就有一个进度问题。

2. 进行项目进度管理的必要性

项目管理集中反映在成本、质量和进度三个方面，这反映了项目管理的实质，这三个方面通常称为项目管理的“三要素”。进度是三要素之一，它与成本、质量两要素有着辩证的有机联系。对进度的要求是通过严密的进度计划及合同条款的约束，使项目能够尽快地竣工。

实践表明，质量、工期和成本是相互影响的。一般来说，在工期和成本之间，项目进展速度越快，完成的工作量越多，则单位工程量的成本也就越低。但突击性的作业，通常也会增加成本。在工期与质量之间，一般工期越紧，如采取快速突击、加快进度的方法，项目质量就较难保证。项目进度的合理安排，对保证项目的工期、质量和成本有直接的影响，是全面实施“三要素”的关键环节。科学而符合合同条款要求的进度，有利于控制项目成本和质量。仓促赶工或任意拖拉，往往伴随着费用的失控，也容易影响工程质量。

3. 项目进度管理概念

项目进度管理又称为项目时间管理，是指在项目进展的过程中，为了确保项目能够在规定的时间内实现项目的目标，对项目活动进度及日程安排所进行的管理过程。

4. 项目进度管理的重要性

据专家分析，对于一个大的信息系统开发咨询公司，有 25% 的大项目被取消，60% 的项目远远超过成本预算，70% 的项目存在质量问题是很正常的事情，只有很少一部分项目确实按时完成并达到了项目的全部要求，而正确的项目计划、适当的进度安排和有效的项目控制可以有效避免上述这些问题。

（三）项目进度管理的基本内容

项目进度管理包括两大部分内容：一个是项目进度计划的编制，要拟定出在规定的时间内合理且经济的进度计划；另一个是项目进度计划的控制，是指在执行该计划的过程中，检查实际进度是否按计划要求进行，若出现偏差，要及时找出原因，并采取必要的补救措施或调整、修改原计划，直至项目完成。

1. 项目进度管理过程

（1）活动定义

确定为完成各种项目可交付成果所必须进行的各项具体活动。

（2）活动排序

确定各活动之间的依赖关系，并形成文档。

（3）活动资源估算

估算完成每项确定时间的活动所需要的资源种类和数量。

（4）活动时间估算

估算完成每项活动所需要的单位工作时间。

（5）进度计划编制

分析活动顺序、活动时间、资源需求和时间限制，以编制项目进度计划。

（6）进度计划控制

运用进度控制方法，对项目实际进度进行监控，以及对项目进度计划进行调整。

项目进度管理过程的工作是在项目管理团队确定初步计划后进行的。有些项目，特别是一些小项目，活动排序、活动资源估算、活动时间估算和进度计划编制这些过程紧密相连，可视为一个过程，且可由一个人在较短时间内完成。

2. 项目进度计划编制

项目进度计划编制是通过项目的活动定义、活动排序、活动时间估算，在综合考虑项目资源和其他制约因素的前提下，确定各项目活动的起始和完成日期、具体实施方案和措施，进而制订整个项目的进度计划。其主要目的是：合理安排项目时间，从而保证项目目标的完成；为项目实施过程中的进度控制提供依据；为各资源的配置提供依据；为有关各方时间的协调配合提供依据。

3. 项目进度计划控制

项目进度计划控制是指项目进度计划制订以后，在项目实施过程中，对实施进展情况进行检查、对比、分析、调整，以保证项目进度计划总目标得以实现的活动。按照不同管理层次对进度控制的要求，项目进度控制分为三类。

（1）项目总进度控制

即项目经理等高层管理部门对项目中各里程碑时间的进度控制。

（2）项目主进度控制

主要是项目部门对项目中每一主要事件的进度控制；在多级项目中，这些事件可能是各个分项目；通过控制项目主进度使其按计划进行，以保证总进度计划的如期完成。

（3）项目详细进度控制

主要是各作业部门对各具体作业进度计划的控制；这是进度控制的基础，只有详细进度得到较强的控制才能保证主进度按计划进行，最终保证项目总进度，从而使项目目标得以顺利实现。

二、建筑工程项目进度管理

（一）建筑工程项目进度管理概念

建筑工程项目进度管理是指根据进度目标的要求，对建筑工程项目各阶段的工作内容、工作程序、持续时间和衔接关系编制计划，并将该计划付诸实施。在实施的过程中，应经常检查实际工作是否按计划要求进行，对出现的偏差分析原因，并及时采取补救措施或调整、修改原计划直至工程竣工、交付使用。进度管理的最终目的是确保项目工期目标的实现。

建筑工程项目进度管理是建筑工程项目管理的一项核心管理职能。由于建筑项目是在开放的环境中进行的，置身于特殊的法律环境之下，并且生产过程中的人员、工具与设备具有流动性，以及产品的单件性等都决定了进度管理的复杂性及动态性，所以必须加强项目实施过程中的跟踪控制。进度控制与质量控制、投资控制是工程项目建设中并列的三大目标之一。它们之间有着密切的相互依赖和制约关系。通常，进度加快，需要增加投资，但工程能提前使用就可以提高投资效益；进度加快有可能影响工程质量，而质量控制严格则有可能影响进度，但如因质量的严格控制而不致返工，又会加快进度。因此，项目管理者在实施进度管理的工作中，要对三个目标全面、系统地加以考虑，才能够正确处理好进度、质量和投资的关系，提高工程建设的综合效益。特别是对一些投资较大的工程，在采取进度控制措施时，要特别注意其对成本和质量的影响。

（二）建筑工程项目进度管理的方法和措施

建筑工程项目进度管理的方法主要有规划、控制和协调。规划是指确定施工项目总进度控制目标和分进度控制目标，并编制其进度计划；控制是指在施工项目实施的全过程中，比较施工实际进度与施工计划进度，出现偏差及时采取措施调整；协调是指协调与施工进度有关的单位、部门和施工工作队之间的进度关系。

建筑工程项目进度管理采取的主要措施有组织措施、技术措施、合同措施和经济措施。

1. 组织措施

组织措施主要包括建立施工项目进度实施和控制的组织系统，制订进度控制工作制度，检查时间、方法，召开协调会议，并且落实各层次进度控制人员、具体任务和工作职责；确定施工项目进度目标，建立施工项目进度控制目标体系。

2. 技术措施

采取技术措施时应尽可能采用先进的施工技术、方法和新材料、新工艺、新技术，以保证进度目标的实现。落实施工方案，在发生问题时，及时调整工作之间的逻辑关系，加快施工进度。

3. 合同措施

采取合同措施时以合同形式来保证工期进度的实现，即保持总进度控制目标与合同总工期一致，分包合同的工期与总包合同的工期相一致，供货、供电、运输、构件加工等合同规定的提供服务时间与有关的进度控制目标一致。

4. 经济措施

经济措施是指落实进度目标的保证资金，签订并实施关于工期和进度的经济承包责任制，建立并实施关于工期和进度的奖惩制度。

（三）建筑工程项目进度管理的内容

1. 项目进度计划

建筑工程项目进度计划包括项目的前期、设计、施工和使用前的准备等内容。项目进度计划的主要内容就是制订各级项目进度计划，包括进行总控制的项目总进度计划、进行中间控制的项目分阶段进度计划和进行详细控制的各子项进度计划，并对这些进度计划进行优化，以达到对这些项目进度计划的有效控制。

2. 项目进度实施

建筑工程项目进度实施就是在资金、技术、合同、管理信息等方面的进度保证措施落实的前提下，使项目进度按照计划实施。施工过程中存在各种干扰因素，其可能会使项目进度的实施结果偏离进度计划，项目进度实施的任务就是预测这些干扰因素，对其风险程度进行分析，并采取预控措施，以保证实际进度与计划进度吻合。

3. 项目进度检查

建筑工程项目进度检查的目的是了解和掌握建筑工程项目进度计划在实施过程中的变化趋势和偏差程度。项目进度检查的主要内容有跟踪检查、数据采集和偏差分析。

4. 项目进度调整

建筑工程项目的进度调整是整个项目进度控制中最困难、最关键的内容。其包括以下几个方面的内容：

（1）偏差分析

分析影响进度的各种因素和产生偏差的前因后果。

（2）动态调整

寻求进度调整的约束条件和可行方案。

（3）优化控制

调控的目标是使工程项目的进度和费用变化最小化，从而达到或接近进度计划的优化控制目标。

三、建筑工程项目进度管理的基本原理

（一）动态控制原理

动态控制是指对建设工程项目在实施的过程中在时间和空间上的主客观变化而进行项目管理的基本方法论。由于项目在实施过程中主客观条件的变化是绝对的，不变则是相对的；在项目进展过程中平衡是暂时的，不平衡则是永恒的，因此在项目的实施过程中必须随着情况的变化进行项目目标的动态控制。

建筑工程进度控制是一个不断变化的动态过程，在项目开始阶段，实际进度应按照计划进度的规划进行运动，但由于外界因素的影响，实际进度的执行往往会与计划进度出现偏差，出现超前或滞后的现象。这时应通过分析偏差产生的原因，采取相应的改进措施，调整原来的计划，使二者在新的起点上重合，并发挥组织管理作用，使实际进度继续按照计划进行。在一段时间后，实际进度和计划进度又会出现新的偏差。因此，建筑工程进度控制又出现了一个动态的调整过程。

（二）系统原理

系统原理是现代管理科学的一个最基本的原理。它是指人们在从事管理工作时，运用系统的观点、理论和方法对管理活动进行充分的系统分析，以达到管理的优化目标，即从系统论的角度来认识和处理企业管理中出现的问题。

系统是普遍存在的，它既可以应用于自然和社会事件，又可应用于大小单位组织的人际关系之中。因此，通常可以把任何一个管理对象都看成是特定的系统。组织管理者要实现管理的有效性，就必须对管理进行充分的系统分析，把握住管理的每一个要素及要素间的联系，从而实现系统化的管理。

建筑工程项目是一个大系统，其进度控制也是一个大系统，在进度控制中，计划进度的编制受到许多因素的影响，因而不能只考虑某一个因素或几个因素。进度控制组织和进度实施组织也具有系统性，因此，工程进度控制具有系统性，应该综合考虑各种因素的影响。

（三）信息反馈原理

通俗地说，信息反馈就是指由控制系统把信输送出去，又把其作用结果返送回来，并对信息的再输出发生影响，起到制约的作用，以达到预定的目的。

信息反馈是建筑工程进度控制的重要环节，施工的实际进度通过信息反馈给基层进度控制工作人员，在分工的职责范围内，信息经过加工然后逐级反馈给上级主管部门，最后到达主控制室，主控制室整理统计各方面的信息，经过比较分析做出决策，调整进度计划。进度控制不断调整的过程实际上就是信息不断反馈的过程。

（四）弹性原理

所谓弹性原理，是指管理必须要有很强的适应性和灵活性，用以适应系统外部环境和内部条件千变万化的形势，得以实现灵活管理。

建筑工程进度计划工期长、影响因素多，因此，进度计划的编制就会留出余地，使计划进度具有弹性。进行进度控制时应利用这些弹性，缩短有关工作的时间，或改变工作之间的搭接关系，使计划进度和实际进度吻合。

（五）封闭循环原理

项目的进度计划控制的全过程是计划、实施、检查、比较分析、确定调整措施、再计划。从编制项目施工进度计划开始，经过实施过程中的跟踪检查，收集有关实际进度的信息，比较和分析实际进度与施工计划进度之间的偏差，找出产生原因和解决办法，确定调整措施，再修改原进度计划，最终形成一个封闭的循环系统。

（六）网络计划技术原理

网络计划技术是指用于工程项目的计划与控制的一项管理技术，依其起源有关键路径法（CPM）与计划评审法（PERT）之分。通过网络分析研究工程费用与工期的相互关系，并找出在编制计划及计划执行过程中的关键路线，这种方法称为关键路线法

（CPM）。另一种注重对各项工作安排的评价和审查的方法被称为计划评审法（PERT）。CPM 主要应用于以往在类似工程中已取得一定经验的承包工程，PERT 更多地应用于研究与开发项目。

网络计划技术原理是建筑工程进度控制的计划管理和分析计算的理论基础。在进度控制中，要利用网络计划技术原理编制进度计划，根据实际进度信息，比较和分析进度计划，又要利用网络计划的工期优化、工期与成本优化和资源优化的理论调整计划。

第二节　建筑工程项目进度影响因素

一、影响建筑工程项目进度的因素

（一）自然环境因素

由于工程建设项目具有庞大、复杂、周期长、相关单位多等特点，且建筑工程施工进程会受到地理位置、地形条件、气候、水文及周边环境好坏的影响，一旦在实际的施工过程中这些不利因素中的某一类因素出现，都会对施工进度造成一定的影响。当施工的地理位置处于山区交通不发达或者是条件恶劣的地质条件下时，由于施工工作面较小，施工场地较为狭窄，建筑材料无法及时供应，或者是运输建筑材料时需要花费较大的时间，再加上野外环境对工作人员的考验，一些有毒有害的蚊虫等都将对员工造成伤害，对施工进程造成一定的影响。

天气不仅影响到施工进程，而且有时候天气过于恶劣，会对施工路面、场地和已经施工完成的部分建筑物以及相关施工设备造成严重破坏，这将进一步制约施工的进行。反之，如果建筑工程施工的地域处于平坦地形，交通条件便于设备和建筑材料的运输，且环境气候宜人，则有利于施工进程的控制。

（二）建筑工程材料、设备因素

材料、构配件、机具、设备供应环节的差错，品种、规格、质量、数量、时间不能满足工程的需要；特殊材料及新材料的不合理使用；施工设备不配套，造型不当，安装失误、有故障等，都会影响施工进度。

比如建筑材料供应不及时，就会出现缺料停工的现象，而工人的工资还需正常计费，这无疑是对企业的重创，不仅没有带来利润而且还消耗了人力资源。此外，在资金到位，且所有材料一应俱全的时候，还需要注意材料的质量，确保材料质量达标，如果材料存在质量问题，在施工的过程中将会出现塌方、返工，影响施工质量，最终延误工期进程。

（三）施工技术因素

施工技术是影响施工进程的直接因素，尤其是一些大型的建筑项目或者是新型的建筑。即便是一些道路或者房屋建筑类的施工项目，其中蕴含的施工技术也是大有讲究的，运用科学、合理的施工技法明显能够加快施工进程。

由于建筑项目的不同，因此建筑企业在选择施工方案的时候也有所不同，首先施工人员与技术人员要正确、全面地分析、了解项目的特点和实际施工情况，实地考察施工环境。并设计好施工图纸，施工图纸要求简单明了，在需要标注的地方一定要勾画出来，以免在图纸会审工作中出现理解偏差，选择合适的施工技术能够保障在规定的时期内完成工程，在具体施工的过程中由于业主对需求功能的变更，原设计将不再符合施工要求，因此要及时调整、优化施工方案和施工技术。

（四）项目管理人员因素

整个建筑工程的施工中，排除外界环境的影响，人作为主体影响着整个工程的工期，其建筑项目的主要管理人员的能力与知识和经验直接影响着整个工程的进度，在实际的施工过程中，由于项目管理人员没有实践活动的经验基础，或者是没有真才实学，缺乏施工知识和技术，无法对一些复杂的影响工程进度的因素有一个好的把控。再或者是项目管理人员不能正确地认识工程技术的重要性，没有认真投入到项目建设中去，人为主观地降低了项目建设技术、质量标准，对施工中潜在的危险没有意识到，且对风险的预备处理不足，将造成对整个工程施工进程的严重影响。

此外，项目管理人员的管理不到位，工厂现场的施工工序和建筑材料的堆放不够科学、合理，容易造成对施工人员施工动作的影响，还会对后期的建筑质量造成一定的冲击。对于施工人力资源和设备的搭配不够合理，浪费了较多的人力资源，致使施工中出现纰漏等都将直接或间接地对施工进程造成一定的影响。最主要的一点就是项目管理人员在建筑施工前几个月内，对地方建设行政部门审批工作不够及时，也会影响施工工期，这种因素对施工的影响可以说是人为主观对工程项目的态度不够端正直接造成的，一旦出现这种问题，企业则需要认真考虑是否重新指定相关项目负责人，防止对施工进程造成延误。

（五）其他因素

1. 建设单位因素

如建设单位即业主使用要求改变而进行设计变更，应提供的施工场地条件不能及时提供或所提供的场地不能满足工程正常需要，不能及时向施工承包单位或材料供应商付款等都会影响到施工进度。

2. 勘察设计因素

如勘察资料不准确，特别是地质资料错误或遗漏，设计内容不完善，规范应用不恰当，设计有缺陷或错误等。还有设计对施工的可能性未考虑或考虑不周，施工图纸供应不及时、不配套，以及出现重大差错等都会影响到施工进度。

（六）资金因素

工程项目的顺利进行必须要有雄厚的资金作为保障，由于其涉及多方利益，因此往往成为最受关注的因素。按其计入成本的方法划分，一般可划分为直接费用、间接费用两部分。

1. 直接费用

直接费用是指直接为生产产品而发生的各项费用，包括直接材料费、直接人工费和其他直接支出。工程项目中的直接费用是指在施工过程中直接耗费构成的支出。

2. 间接费用

间接费用是指企业的各项目经理部为施工准备、组织和管理施工生产所发生的全部施工间接支出。

此外，如有关方拖欠资金，资金不到位、资金短缺、汇率浮动和通货膨胀等也都会影响建筑工程的进度。

二、建筑工程施工进度管理的具体措施

（一）对项目组织进行控制

在进行施工组织人员的组建过程中，要尽量选取施工经验丰富的员工，为能够实现工期目标，在签署合同过程后，要求项目管理人员及时到施工工地进行实地考察，制订实施性施工组织设计，还要与施工当地的政府和民众建立联系，确保获得当地民众的支持，从而为建筑工程的施工创造有力的外界环境条件，以确保施工顺利进行。在建筑工程项目施工前，要结合现场施工条件，来制订具体的建筑施工方案，确保在施工中实现施工的标准化，能够在施工中严格按照规定的管理标准来合理安排工序。

1. 选择一名优秀合格的项目经理

在建筑工程施工中选择一名优秀合格的项目经理，对于工程项目工程进度的提升具有十分积极的影响。在实际的建筑工程项目中面临着众多复杂的状况，并且难以解决。如果选择一名优秀合格的项目经理的话，由于项目经理自身掌握着扎实的理论知识和过硬的专业技能，能够结合实际的建筑工程项目施工情况，最大限度地利用现有资源去提升施工工程的施工效率。因此，在选择项目经理的时候，要注重考察项目经理的管理能力、执行能力、专业技能、人际交往能力等，只有这样才能够实现工程的合理妥善管理，对于缩短建筑工程施工工期有着巨大的帮助。

2. 选择优秀合格的监理

要想对建筑施工工程工期进行合理控制，除了对施工单位采取措施外，还应充分发挥工程监理的作用，努力协调各个承包单位之间的关系，促进各单位之间实现良好的合作关系，以缩短施工工期。而对于那些难以进行协调控制的环节和关系，在总的建筑工程施工进度安排计划中则要预留充分的时间进行调节。对于一名工程的业主和由业主聘请的监理工程师来说，要努力尽到自身的义务，尽力在规定的工期内完成施工任务。

（二）对施工物资进行控制

为了确保建筑工程施工进度符合要求，必须要对施工过程的每个环节中的材料、配件、构件等进行严格的控制。在施工过程中，要对所有的物资进行严格的质量检验工作。在制订出整个工程进度计划后，施工单位要根据实际情况来制订最合理的采购计划，在采购材料的过程中要重视材料的供货时间、供货地点、运输时间等，确保施工物资能够符合建筑工程施工过程中的需求。

（三）对施工机械设备进行控制

施工机械设备对建筑工程施工进度影响非常大，要最大程度地避免因施工机械设备故障影响进度。在建筑施工中应用最广的塔吊对于整个工程项目的施工进度有着决定性作用，所以要重视塔吊问题，在塔吊的安装过程中就要确保塔吊的稳定性安装，然后必须要经过专门的质量安全机构进行检查，经检查合格后才能够投入施工建设工作中，以避免后续出现问题。另外，操作塔吊的工作人员必须是具有上岗证的专业人员。在施工场地中的所有建筑机械设备都要通过专门的部门检查和证明，所有的设备操作人员都要符合专业要求，并且要实施岗位责任制。此外，塔吊位置设置应科学合理，想方设法物尽其用。

（四）对施工技术和施工工序进行控制

尽量选用适当的技术以加快进度，减少技术变更加快进度。在施工开展前要对施工工程的图纸进行审核工作，确保施工单位明确施工图纸中的每个细节，如果出现不懂或者有疑问的地方，要及时地和设计单位进行联系，然后确保对图纸的全面理解。在对图纸全面理解过后，要对项目总进度计划和各个分项目计划做出宏观调控，对关键的施工环节编制严格合理的施工工序，确保施工进度符合要求。

第三节　建筑工程项目进度优化控制

一、项目进度控制

（一）项目进度控制的过程

项目进度控制是项目进度管理的重要内容和重要过程之一，由于项目进度计划只是根据相关技术对项目的每项活动进行估算，并做出项目的每项活动进度的安排。然而在编制项目进度计划时事先难以预料的问题很多，因此在项目进度计划执行过程中时常发生程度不等的偏差，这就要求项目经理和项目管理人员及时对计划做出调整、变更，消除偏差，以使项目按合同日期完成。

项目进度计划控制就是对项目进度计划实施与项目进度计划变更所进行的控制工作，具体地说，进度计划控制就是在项目正式开始实施后，要时刻对项目及其每项活动的进度进行监督，及时、定期地将项目实际进度与项目计划进度进行对比，掌握和度量项目的实际进度与计划进度的差距，一旦出现偏差，就必须采取措施纠正偏差，以维持项目进度的正常进行。

根据项目管理的层次，项目进度计划控制可以分为项目总进度控制，即项目经理等高层管理部门对项目中各里程碑事件的进度控制；项目主进度控制，主要是项目部门对项目中每一主要事件的进度控制；项目详细进度控制，主要是各具体作业部门对各具体活动的进度控制，这是进度控制的基础，只有详细进度得到较强的控制才能保证主进度按计划进行，最终保证项目的总进度，从而使项目按时实现。因此，项目进度控制要首先定位于项目的每项活动中。

（二）项目进度控制的目标

项目进度控制总目标是依据项目总进度计划确定的，然后对项目进度控制总目标进行层层分解，形成实施进度控制、相互制约的目标体系。

项目进度目标是从总的方面对项目建设提出的工期要求。但在项目活动中，是通过对最基础的分项工程的进度控制来保证各单项工程或阶段工程进度控制目标的完成，进而实现项目进度控制总目标的。因而需要将总进度目标进行一系列的从总体到细部、从高层次到基础层次的层层分解，一直分解到可以直接调度控制的分项工程或作业过程为止。在分解中，每一层次的进度控制目标都限定了下一级层次的进度控制目标，而较低层次的进度控制目标又是较高一级层次进度控制目标得以实现的保证，于是就形成了一个自上而下的层层约束，由下而上级级保证，最终形成上下一致的多层次的进度控制目标体系。例如，可以按项目实施阶段、项目所包含的子项目、项目实施单位以及时间来设立分目标。为了便于对项目进度的控制与协调，可以从不同角度建立与施工进度控制目标体系相联系的配套的进度控制目标。

二、施工进度计划管理

（一）工程项目施工进度计划的任务

施工进度计划是建筑工程施工的组织方案，是指导施工准备和组织施工的技术、经济文件。编制施工进度计划必须在充分研究工程的客观情况和施工特点的基础上结合施工企业的技术力量、装备水平，从人力、机械、资金、材料和施工方法五个基本要素，进行统筹规划，合理安排，充分利用有限的空间与时间，采用先进的施工技术，选择经济合理的施工方案，建立正常的生产秩序，用最少的资源和资金取得质量高、成本低、工期短、效益好、用户满意的建筑产品。

（二）工程项目施工进度计划的作用

工程项目施工进度计划是施工组织设计的重要组成部分，是施工组织设计的核心内容。编制施工进度计划是在施工方案已确定的基础上，在规定的工期内，对构成工程的各组成部分（如各单项工程、各单位工程、各分部分项工程）在时间上给予科学的安排，这种安排是按照各项工作在工艺上和组织上的先后顺序，确定其衔接、搭接和平行的关系，计算出每项工作的持续时间，最后确定其开始时间和完成时间。根据各项工作的工程量和持续时间确定每项工作的日（月）工作强度，从而确定完成每项工作所需要的资源数量（工人数、机械数以及主要材料的数量）。

施工进度计划还表示出各个时段所需各种资源的数量以及各种资源强度在整个工期内的变化，从而进行资源优化，以达到资源的合理安排和有效利用。根据优化后的进度计划确定各种临时设施的数量，并提出所需各种资源数量的计划表。在施工期间，施工进度计划是指导和控制各项工作进展的指导性文件。

（三）工程项目进度计划的种类

根据施工进度计划的作用和各设计阶段对施工组织设计的要求，可将施工进度计划分为以下几种类型：

1. 施工总进度计划

施工总进度计划是整个建设项目的进度计划，是对各单项工程或单位工程的进度进行优化安排，在规定的建设工期内，确定各单项工程和单位工程的施工顺序，开始和完成时间，以及计算主要资源数量，用以控制各单项工程或单位工程的进度。

施工总进度计划与主体工程施工设计、施工总平面布置相互联系，相互影响。当业主提出一个控制性的进度时，施工组织设计据此选择施工方案，组织技术供应和场地布置。相反，施工总进度计划又受到主体施工方案和施工总平面布置的限制，施工总进度计划的编制必须与施工场地布置相协调。在施工总进度计划中选定的施工强度应与施工方法中选用的施工机械的能力相适应。

在安排大型项目的总进度计划时，应确保后期投资多于前期投资，以提高投资利用系数。

2. 单项工程施工进度计划

单项工程施工进度计划以单项工程为对象，在施工图设计阶段的施工组织设计中进行编制，用于直接组织单项工程施工。它根据施工总进度计划中规定的各单项工程或单位工程的施工期限，安排各单位工程或各分部分项工程的施工顺序、开竣工日期，并根据单项工程施工进度计划修正施工总进度计划。

3. 单位工程施工进度计划

单位工程施工进度计划是以单位工程为对象，一般由承包商进行编制，可分为标前和标后施工进度计划。在标前（中标前）的施工组织设计中所编制的施工进度计划是投标书的主要内容，作为投标用。在标后（中标后）的施工组织设计中所编制的施工进度计划，在施工中用以指导施工。单位工程施工进度计划是实施性的进度计划，根据各单位工程的施工期限和选定的施工方法安排各分部分项工程的施工顺序和开竣工日期。

4. 分部分项工程施工作业计划

对于工程规模大、技术复杂和施工难度大的工程项目，在编制单位工程施工进度计划之后，通常还需要编制某些主要分项工程或特殊工程的施工作业计划，它是直接指导现场施工和编制月、旬作业计划的依据。

5. 各阶段，各年、季、月的施工进度计划

各阶段的施工进度计划，是承包商根据所承包的项目在建设各阶段所确定的进度目标而编制的，用以指导阶段内的施工活动。

为了更好地控制施工进度计划的实施，应将进度计划中确定的进度目标和工程内容按时序进行分解，即按年、季、月（旬）编制作业计划和施工任务书，并编制年、季、月（旬）所需各种资源的计划表，用以指导各项作业的实施。

（四）施工进度计划编制的原则

1. 施工过程的连续性

施工过程的连续性是指施工过程中各阶段、各项工作的进行，在时间上应是紧密衔接的，不应发生不合理的中断，保证时间有效地被利用。保持施工过程的连续性应从工艺和组织上设法避免施工队发生不必要的等待和窝工，以达到提高劳动生产率、缩短工期以及节约流动资金的目的。

2. 施工过程的协调性

施工过程的协调性是指施工过程中的各阶段、各项工作之间在施工能力或施工强度上要保持一定的比例关系。各施工环节的劳动力的数量及生产率、施工机械的数量及生产率、主导机械之间或主导机械与辅助机械之间的配合都必须互相协调，不应发生脱节和比例失调的现象。例如，混凝土工程中的混凝土的生产、运输和浇筑三个环节之间的关系，混凝土的生产能力应满足混凝土浇筑强度的要求，混凝土的运输能力应与混凝土生产能力相协调，使之不发生混凝土拌和设备等待汽车，或汽车排队等待装车的现象。

3. 施工过程的均衡性

施工过程的均衡性是指施工过程中各项工作按照计划要求，在一定的时间内完成相等或等量递增（或递减）的工程量，在一定的时间内，使各种资源的消耗保持相对的稳定，避免出现时紧时松、忽高忽低的现象。在整个工期内使各种资源都得到均衡的使用，这是一种期望，因为绝对的均衡是难以做到的，但通过优化手段安排进度，可以求得资源消耗达到趋于均衡的状态。均衡施工能够充分利用劳动力和施工机械，并能达到经济性的要求。

4. 施工过程的经济性

施工过程的经济性是指以尽可能小的劳动消耗来取得尽可能大的施工成果，在不影响工程质量和进度的前提下，尽力降低成本。在工程项目施工进度的安排上，做到施工过程的连续性、协调性和均衡性，以达到施工过程的经济性。

（五）编制施工进度计划必须考虑的因素

编制施工进度计划必须考虑的因素如下：工期的长短；占地和开工日期；现场条件和施工准备工作；施工方法和施工机械；施工组织与管理人员的素质；合同与风险承担。

1. 工期的长短

对编制施工进度计划最有意义的是相对工期，即相对于施工企业能力的工期。相对工期长即工期充裕，施工进度计划就比较容易编制，施工进度控制也就比较容易，反之则难。除总工期外，还应考虑局部工期充裕与否，施工中可能遇到哪些“卡脖子”问题，有何备用方案。

2. 占地和开工日期

由于占地问题影响施工进度的例子很多。有时候，业主在形式上完成了对施工用地的占有，但在承包商进场时或在施工过程中还会因占地问题遇到当地居民的阻挠。其中有些是由于拆迁赔偿问题没有彻底解决，但更多的是当地居民的无理取闹。这需要加强有关的立法和执法工作。对占地问题，业主方应尽量做好拆迁赔偿工作，使当地居民满意，同时应使用法律手段制止不法居民的无理取闹。例如某船闸在开工时遇到居民的无理取闹，业主依靠法律手段由公安部门采取强制措施制止，从而保证了工程顺利开工。有效阻止此行为最根本的办法是加强法制教育，提高群众的法制意识。

3. 现场条件和施工准备工作

现场条件包括连接现场与交通线的道路条件、供电供水条件、当地工业条件、机械维修条件、水文气象条件、地质条件、水质条件以及劳动力资源条件等。其中当地工业条件主要是建筑材料的供应能力，例如水泥、钢筋的供应条件以及生活必需品和日用品的供应条件。劳动力资源条件主要是指当地劳动力的价格、民工的素质及生活习惯等。水质条件主要是现场有无充足的、满足混凝土拌和要求的水源。有时候地表水的水质不符合要求，就要打深井取水或进行水质处理，这对工期有一定的影响。气象条件主要是当地雨季的长短，年最高气温、最低气温，无霜期的长短等。供电和交通条件对工期的影响也是很大的，所以针对一些大型工程往往要单独建立专用交通线和供电线路，而小型工程则要完全依赖当地的交通和供电条件。

业主方施工准备工作主要有施工用地的占有、资金准备、图纸准备以及材料供应的准备；承包商方施工准备工作则为人员、设备和材料进场，场内施工道路、临时车站、临时码头建设，场内供电线路架设，通信设施、水源及其他临时设施准备。

对于现场条件不好或施工准备工作难度较大的工程，在编制施工进度计划时一定要留有充分的余地。

4. 施工方法和施工机械

一般来说，采用先进的施工方法和先进的施工机械设备时施工进度会快一些。但是当施工单位开始使用这些新方法施工时，施工速度却提高不了多少，有时甚至还不如老方法来得快，这是因为施工单位需要对新的施工方法有一个适应和熟练的过程。所以从施工进度控制的角度看，不宜在同一个工程同时采用过多的新技术（相对施工单位来讲是新的技术）。

如果在一项工程中必须同时采用多项新技术时，那么最有效的办法就是请研制这些新技术的科研单位到现场指导，进行新技术应用的试验和推广，这样不仅为这些科研成果的完善提供了现场试验的条件，也为提高施工质量、加快施工进度创造了良好条件，更重要的是使施工单位很快地掌握了这些新技术，因此大大提高了市场竞争力。

5. 施工组织与管理人员的素质

良好的施工组织管理既能有效地制止施工人员的一切不良行为，又能充分调动所有施工人员的积极性，还有利于不同部门、不同工作的协调。

对管理人员最基本的要求就是要有全局观念，即管理人员在处理问题时要符合整个系统的利益要求，在施工进度控制中就是施工总工期的要求。在西部地区某堆石坝施工中，施工单位管理人员在内部管理的某些问题上处理不当，导致工人怠工，从而影响工程进度。这时业主单位（当地政府主管部门）果断地采取经济措施，以调动工人的积极性，从而在汛期到来之前将坝体填筑到了汛期挡水高程。还有一点要强调的是，作为施工管理人员，特别是施工单位的上层管理人员，无论何时都要将施工质量放在首要的地位。

因为质量不合格的工程量是无效的工程量，质量不合格的工程是要进行返工或推倒重做的。所以工程质量事故必然会在不同程度上影响施工进度。

6. 合同与风险承担

这里的合同是指合同对工期要求的描述和对拖延工期处罚的约定。从业主方面讲，拖延工期的罚款数量应与报期引起的经济损失一致。同时在招标时，工期要求应与标底价协调。这里所说的风险是指可能影响施工进度的潜在因素以及合同工期实现的可能性大小。

三、建筑工程进度优化管理

（一）建筑工程项目进度优化管理的意义

知道整个项目的持续时间，可以更好地计算管理成本（预备），包括管理、监督和运行成本；可以使用施工进度来计算或肯定地检查投标估算；以投标价格提交投标表，从而向客户展示如何构建该项目。正确构建的施工进度计划可以通过不同的活动来实现，这个过程可以缩短或延长整个项目的持续时间。通过适当的资源调度，可以改变活动的顺序，并延长或缩短持续时间，使资源的配置更加优化。这有助于降低资源需求并保持资源的连续性。

进度表显示团队的目标以及何时必须满足这些目标。此外它还显示了团队必须遵循的路线——它提供了一系列的任务来指导项目经理和主管需要从事哪些活动，以及哪些是他们应该计划的活动。如果没有这一计划，施工单位可能不知道何时应当实现预定目标。施工进度计划提供了在项目工地上需要建筑材料的日期，其可以用来监测分包商和供应商的进度。更为重要的是，进度表提供了施工进度是否按进度进行的反馈，以及项目是否能按时完成。当发现施工进度落后时，可以采取行动来提高施工效率。

（二）工程项目的成本与质量进度的优化

工程项目控制三大目标即工程项目质量、成本、进度，这三者之间相互影响、相互依赖。在满足规定成本、质量要求的同时使工程施工工期缩短也是项目进度控制的理想状态。在工程项目的实际管理中，工程项目管理人员要根据施工合同中要求的工期和要求的质量完成项目，与此同时工程项目管理人员也要控制项目的成本。

为确保建筑工程项目能在保证高质量、低成本的同时，又能够提高工程项目进度的完成时间，这就需要工程管理人员能够有效地协调工程项目质量、成本和进度，尽可能达到工程项目的质量、成本的要求完成工程项目的进度。但是，在工程项目进度估算过程中会受到部分外来因素影响，造成与工程合同承诺不一致的特殊情况，就会导致项目进度难以依照计划进度完成。

所以，在实际的工程项目管理中，管理人员要结合实际情况与工程项目定量、定向的工程进度，对项目成本与工程质量约束下的工程工期进行理性的研究与分析，进而对有问题的工程进度及时采取有效措施加以调整，以便实现工程项目的工程质量和项目成本中进度计划的优化。

（三）工程项目进度资源的总体优化

从建筑工程项目进度实现过程中和施工所耗用的资源方面来看，只有尽可能节约资源和合理地对资源进行配置，才能实现建设项目工程总体的优化。因此，必须对工程项目中所涉及的工程资源、工程设备以及工人进行总体优化。在建筑工程项目的进度中，只有对相关资源合理投入与配置，在一定的期限内限制资源的消耗，才能获得最大经济效益与社会效益。

所以，工程施工人员就需要在项目进行的过程中坚持几点原则：第一，用最少的货币来衡量工程总耗用量；第二，合理有效的安排建筑工程项目需要的各种资源与各种结构；第三，要做到尽量节约以及合理替代枯竭型和稀缺型资源；第四，在建筑工程项目的施工过程中，尽量均衡在施工过程中资源投入。

为了使上述要求均可以得到实现，建筑施工管理人员必须做好以下几点要求：一是要严格遵循工程项目管理人员制订的关于项目进度计划的规定，提前对工程项目的劳动计划进度做出合理规划。二是要提前对工程项目中所需要的工程材料及与之相关的资源进行预期估计，从而达到优化和完善采购计划的目的，避免出现资源材料浪费的情况。三是要根据工程项目的预计工期、工程量大小、工程质量、项目成本，以及各项条件所需要的完备设备，从而合理地去选择工程中所需设备的购买以及租赁的方式。

第七章 建筑工程项目质量管理与优化创新

第一节 建筑工程项目质量管理概述

一、质量管理

（一）质量的概念

1. 朱兰的定义

美国著名的质量管理专家朱兰（Joseph M.Juran）博士认为，产品质量就是产品的适用性，即产品在使用时能成功地满足用户需要的程度。用户对产品的基本要求就是适用，而适用性恰如其分地表达了质量的内涵。

这一定义有两个方面的含义，即使用要求和满足程度。人们使用产品，会对产品质量提出一定的要求，而这些要求往往受到使用时间、使用地点、使用对象、社会环境和市场竞争等因素的影响，这些因素变化，会使人们对同一产品提出不同的质量要求。因此，质量不是一个固定不变的概念，它是动态的、变化的以及发展的；它随着时间、地点、使用对象的不同而不同，其随着社会的发展、技术的进步而不断更新和丰富。

用户对产品的使用要求的满足程度，反映在对产品的性能、经济特性、服务特性、环境特性和心理特性等方面。因此，质量是一个综合的概念。它并不要求技术特性越高越好，而是追求诸如性能、成本、数量、交货期、服务等因素的最佳组合，即所谓的最适当。

2.ISO8402“质量术语”定义

质量：反映实体满足明确或隐含需要能力的特性总和。标准中“质量”的定义由两个层次构成。

（1）第一层次

产品或服务必须满足规定或潜在的需要，这种“需要”可以是技术规范中规定的要求，也可能是在技术规范中未注明，但用户在使用过程中实际存在的需要。“需要”是动态的、变化的、发展的和相对的，“需要”随时间、地点、使用对象和社会环境的变化而变化。因此，这里的“需要”实质上就是产品或服务的“适用性”。

（2）第二层次

第二层次是在第一层次的前提下，质量是产品特征和特性的总和。因为“需要”应加以表征，必须转化成有指标的特征和特性，这些特征和特性通常是可以衡量的，全部符合特征和特性要求的产品，就是满足用户需要的产品。因此，“质量”定义的第二个层次实质上就是产品的符合性。

企业只有生产出用户适用的产品，才能占领市场。而就企业来讲，企业又必须要生产出符合质量特征和特性指标要求的产品。所以，企业除了要研究质量的“适用性”之外，还要研究“符合性”质量。

3.ISO9000：2000 的“质量定义”

质量：一组固有特性满足要求的程度。

“质量”术语可使用形容词，如差、好或优秀来修饰。

“固有的”（其反义是“赋予的”），就是指在某事或某物中本来就有的，尤其是那些永久的特性。

上述定义可以从以下几方面去理解。

（1）新概念较 ISO8402 中的定义更为明确

质量的新概念相对 IS08402 的术语，更能直接地表述质量的属性，并简练而完整地明确了质量的内涵。质量可存在于各个领域或任何事物中，对质量管理体系来说，质量的载体主要是指产品、过程和体系。质量由一组固有特性组成，这些固有特性是指满足顾客和其他相关方要求的特性，并由其满足要求的程度加以表征。

（2）特性是指区分的特征

固有特性是通过产品、过程或体系设计和开发及其后之实现过程形成的属性。例如：物质特性（如机械、电气、化学或生物特性）、官感特性（如用嗅觉、触觉、味觉、视觉等感觉控测的特性）、行为特性（如礼貌、诚实、正直）、时间特性（如准时性、可靠性、可用性）、人体工效特性（如语言或生理特性、人身安全特性）、功能特性（如飞机最高速度）等。这些固有特性的要求大多是可测量的。赋予的特性（如某一产品的价格），并非是产品、体系或过程的固有特性。

（3）满足要求

满足要求就是应满足明示的（如明确规定的）、通常隐含的（如组织的惯例、一般习惯）或必须履行的（如法律法规、行业规则）需要和期望。只有全面满足这些要求，才能被评定为好的质量或优秀的质量。

（4）“需求”的动态变化

顾客和其他相关方对产品、体系或过程的质量要求是动态的、发展的和相对的。它将随着时间、地点、环境的变化而变化。所以，应定期对质量进行评审，按照变化的需要和期望，相应地改进产品、体系或过程的质量，以确保持续地满足顾客和其他相关方的要求。

（二）质量管理的概念

质量管理是指在质量方面指挥和控制组织的协调的活动。质量管理，通常包括制订质量方针和质量目标以及质量策划、质量控制、质量保证和质量改进。

（三）质量管理的发展过程

1. 质量检验阶段

在 20 世纪前，产品质量主要依靠操作者本人的技艺水平和经验来保证，属于“操作者的质量管理”。20 世纪初，随着科学管理理论的产生，产品的质量检验从加工制造中分离出来，质量管理的职能由操作者转移给工长，转变为“工长的质量管理”。

随着企业生产规模的扩大和产品复杂程度的提高，产品有了技术标准（技术条件），各种检验工具和检验技术也随之发展，大多数企业开始设置检验部门，有的直属于厂长领导，这时是“检验员的质量管理”。这几种做法都属于事后检验的质量管理方式。

2. 统计质量控制阶段

20 世纪 20 年代，美国的数理统计学家提出控制和预防缺陷的概念。与此同时，美国贝尔研究所提出关于抽样检验的概念及其实施方案，此方案成为运用数理统计理论解决质量问题的先驱，但当时并未被普遍运用。以数理统计理论为基础的统计质量控制的推广应用始于第二次世界大战。由于事后检验无法控制武器弹药的质量，美国国防部决定把数理统计法用于质量管理，并由标准协会制订有关数理统计方法，然后再将其应用于质量管理方面的规划，同时成立了专门委员会，并于 1941—1942 年先后公布一批美国战时的质量管理标准。

3. 全面质量管理阶段

自 20 世纪 50 年代以来，随着生产力的迅速发展和科学技术的日新月异，人们对产品的质量从注重产品的一般性能发展为注重产品的耐用性、可靠性、安全性、维修性和经济性等。在生产技术和企业管理中要求运用系统的观点来研究质量问题。在管理理论上也有新的发展，突出重视人的因素，强调依靠企业全体人员的努力来保证质量。此外，还有“保护消费者利益”运动的兴起，导致企业之间市场竞争越来越激烈。在这种情况下，全面质量管理的概念应运而生。

二、全面质量管理

（一）全面质量管理概念

1. 全面质量管理的提出

全面质量管理的思想最早是由美国统计学家和管理学家威廉·爱德华兹·戴明（William Edwards Deming）提出的。

20 世纪 50 年代末，美国通用电气公司的费根堡姆和质量管理专家约瑟夫·莫西·朱兰（Joseph M.Juran）提出了“全面质量管理”（Total Quality Management，TQM）的概念，认为“全面质量管理是为了能够在最经济的水平上，并考虑到充分满足客户要求的条件下进行生产和提供服务，把企业各部门在研制质量、维持质量和提高质量的活动中构成一体的一种有效体系”。

20 世纪 60 年代初，美国一些企业根据行为管理科学的理论，在企业的质量管理中开展了依靠职工“自我控制”的“无缺陷运动”（Zero Defects），而日本在工业企业中开展质量管理小组活动，使全面质量管理活动迅速发展起来。

2. 全面质量管理的含义

全面质量管理就是要把专业技术、经营管理和思想教育工作结合起来，建立起从产品的研制设计、生产制造、售后服务等一整套质量保证体系。从而用最经济的手段，生产用户最满意的产品。其基本核心是强调以提高员工的工作质量来保证设计质量和制造质量，从而保证产品质量，达到全面提高企业和社会经济效益的目的。全面质量管理可以概括为以下几点。

（1）全面质量管理的对象——“质量”的含义是全面的，即广义的质量的管理。

（2）全面质量管理的范围是全面的，即产品质量产生、形成和实现的全过程的质量管理。

（3）全面质量管理要求参加质量管理的人员是全面的，即全员性的质量管理。

（4）全面质量管理用以管理质量的方法是全面的，多种多样的；即综合性的质量管理。

（二）全面质量管理的基本思想

1. 一切为用户着想

对于一个企业来说，“用户”是指使用该企业的产品，因而受到产品的某些质量影响的人。企业产品关系到满足人们日益增长的物质和文化生活的需要，工业产品的质量则直接关系到广大人民群众的衣、食、住、行，还有社会主义现代化建设的事业。

同时，从另一个角度来看，企业生产的产品质量的优劣直接影响到产品价值能否在市场上顺利得到实现的问题。因此，企业需要把生产出保证用户满意的优质产品作为企业经营的出发点和归宿点。企业要增强责任感和事业心。坚持质量标准，从而使企业的最终产品满足用户的要求。

2. 一切凭数据说话

数据，是质量管理的基础。离开了数据，就没有质量标准可言。生产过程是这样，管理过程同样也是这样，始终都要以数据为根据。靠数据说话，离不开对有关质量管理工作情况进行定量分析，以数据形式揭露质量问题和反映质量水平。全面质量管理是一种科学管理，它要求以数理统计为基础，运用数理统计和图表对大量数据进行整理和分析，找出影响产品质量的主要因素及各种因素之间的联系，并掌握质量变化的规律，以便有针对性地采取有效措施、消除或预防质量偏差。是否用数据说话，这是区别科学管理与经验管理的主要界限。特别是企业的领导，应反对那些只凭经验和主观臆测，而不是用数据处理问题、解决问题的工作作风。那些“大概”“可能”“差不多”等诸如此类模棱两可的判断并不利于提高企业的产品质量。

3. 一切以预防为主

质量是设计和制造出来的，不是靠检验把关得来的。对于已产生的废次品来说，检验只起到“死后验尸”的作用，并不能预防生产过程中的废次品的产生。而一旦产生废次品，就会造成原辅材料、设备、工时及其他费用的损失。而且在生产规模扩大，产量大幅度增长的情况下，单靠事后检验把关（即使是百分之百的检查），并不能保证废品都被检出。所以，要求在废品产生之前就能采取措施做到事先预防。这就引进了对生产过程的人、设备、原材料、方法和环境五大因素的控制管理，管因素而不是只管结果。

4. 一切按 PDCA 循环办事

PDCA 循环又叫戴明环，是美国质量管理专家戴明博士提出的，它是全面质量管理所应遵循的科学程序。PDCA 是英语单词 Plan（计划）、Do（执行）、Check（检查）和 Act（行动）的第一个字母组成，PDCA 循环就是按照这样的顺序进行质量管理，并且循环不止地进行下去的科学程序。

P(plan)计划：包括方针和目标的确定以及活动计划的制订。

D(do)执行：具体运作，实现计划中的内容。

C(check)检查：总结执行计划的结果，分清哪些对了、哪些错了，明确效果，找出问题。

A(action)处理：对检查的结果进行处理，对成功的经验加以肯定，并予以标准化；对于失败的教训也要总结，以免重现。对于没有解决的问题，应提交给下一个PDCA循环中去解决。

三、建筑工程项目质量管理

（一）建筑工程质量

1. 建筑工程质量概念

建筑工程质量是指国家现行的有关法律、法规、技术标准、设计文件及合同中对建筑工程的安全、使用要求、经济技术标准、外观等特性的综合要求。质量管理是指为了达到建设工程质量要求而采取的作业技术和管理活动等。

我国现行规范建设工程质量管理的法律主要有《建筑法》《标准化法》《产品质量法》，行政法规主要有《建设工程质量管理条例》《标准化法实施条例》，部门规章主要有《工程建设行业标准管理办法》《实施工程建设强制性标准监督规定》《工程建设标准强制性条文》《建设工程质量保证金管理暂行办法》《房屋建筑和市政基础设施工程质量监督管理规定》。此外，各地方性相关法规及政府规章中也包含有关质量的规定。

2. 建筑工程质量的特点

建筑工程产品质量与一般的产品质量相比较，建筑工程质量具有以下一些特点：影响因素多、隐蔽性强、终检局限性大以及对社会环境影响大等。

（1）影响因素多

建筑工程项目从筹建开始，决策、设计、材料、机械、环境、施工工艺、管理制度以及参建人员的素质等均直接或间接地影响建筑工程质量。因此它具有受影响因素多的特点。

（2）隐蔽性强、终检局限性大

目前建筑工程存在的质量问题，一般从表面上看，尽管质量很好，但是这时可能混凝土已经失去了强度，钢筋已经被锈蚀得完全失去了作用，诸如此类的建筑工程质量问题在工程终检时是很难通过肉眼判断出来的，有时即使使用了检测仪器和工具，也不一定能准确地发现问题。

（3）对社会环境影响大

与建筑工程规划、设计、施工质量的好与坏有密切联系的不仅是建筑的使用者，而且是整个社会。建筑工程质量直接影响人们的生产生活，而且还影响着社会可持续发展的环境，特别是对绿化、环保和噪音等方面的影响。

（二）建筑工程标准

建筑工程标准是指对建筑工程的设计、施工方法和安全要求以及有关工程建筑的技术术语、符号、代号和制图方法等所做的统一的技术要求。工程质量管理必须按照建筑工程标准来开展和进行。建筑工程标准依其效力强度可分为强制性标准与推荐性标准，建设工程标准依其适用范围可分为国家标准、行业标准及企业标准。

1. 强制性标准及推荐性标准

工程强制性标准是指直接涉及工程质量、安全、卫生及环境保护等方面的必须强制执行的工程标准强制性条文，而任何违反强制性标准的行为必须依法承担法律责任。在我国境内从事新建、扩建、改建等工程建设活动，必须执行工程建设强制性标准。

工程建设中拟采用的新技术、新工艺、新材料不符合现行强制性标准规定的，应当由拟采用单位提请建设单位组织专题技术论证，并报批准标准的建设行政主管部门或国务院有关主管部门审定。工程建设中采用国际标准或国外标准现行强制性标准没有规定的，建设单位应当向国务院建设行政主管部门或国务院有关行政主管部门备案。

推荐性标准是指国家鼓励自愿采用的标准，推荐性标准具有示范指导作用，但不是必须适用标准。根据《标准化法》规定，推荐性标准只存在于国家标准及行业标准中，不存在推荐性地方标准和推荐性企业标准。

2. 国家标准、行业标准及企业标准

根据《建筑法》的规定，建设工程的标准分为国家标准、行业标准和企业标准三级。

（1）国家标准

国家标准是对全国经济技术发展有重大意义，且需要在全国范围内统一适用的技术要求。国家标准分为强制性标准和推荐性标准。以下是强制性标准的范围：工程建设的勘察、设计、施工及验收的技术要求；工程建设中有关安全、卫生、环境保护的技术要求；工程建设的术语、符号、代号、量与单位、建筑模数和制图方法；工程建设的试验、检验和评定方法；工程建设的信息技术要求等。强制性标准以外的则是推荐性标准。

（2）行业标准

行业标准是指由行业标准化主管机构或行业标准化组织发布的，在全国某一行业内统一适用的技术要求。根据《工程建设行业标准管理办法》规定，对于没有国家标准而需要在全国某个行业范围内统一的技术要求，可以制订行业标准。行业标准不得与国家标准相抵触。有关行业标准之间应当协调、统一，避免重复。行业标准在相应的国家标准实施后，应当及时修订或废止。行业标准也分为强制性标准和推荐性标准。

（3）企业标准

企业标准是企业自行制订的适用于企业内部的标准。企业标准是技术水平等级最高的标准，对于国家标准及行业标准没有规定的，应当制订企业标准；对已有国家标准及行业标准的，国家应鼓励企业标准高于国家标准及行业标准，但不得低于国家标准及行业标准中的强制性标准。

（三）加强建筑工程质量管理的必要性

1. 加强建筑工程质量管理是科技发展的需要

质量管理是指企业为保证和提高工程质量，对各部门、各生产环节有关质量形成的活动，进行调查、组织、协调、控制、检验、统计和预测的管理方法。它是施工企业既经济又节约地生产符合质量要求的工程项目的综合手段。随着生产技术水平的不断提高，社会化的大生产成为可能，因此，传统的质量管理方式已经不能满足现在的生产需要，这对质量管理提出了更高的要求。随着科学技术的发展，质量管理已经越来越为人们所重视，并逐渐发展成为一门新兴的学科。

2. 加强建筑工程质量管理是市场竞争的需要

随着经济的发展，我国的建筑工程质量和服务质量的总体水平在不断提高。一个企业要想在市场上站稳脚跟，就必须有好的质量做保证。从发展战略的高度来认识质量问题，质量已经关系到国家的命运，民族的未来；质量管理的水平已关系到行业的兴衰、企业的命运。

3. 加强施工质量管理是国家建设的要求

作为建设工程产品的工程项目，投资和耗费的人工、材料、能源都相当大，投资者（业主）付出了巨大的代价，因此要求获得理想的，能够满足使用要求的产品，以期在额定时间内能发挥作用，为社会经济建设和物质文化生活需要做出贡献。工程质量的优劣，直接影响国家建设的速度。工程质量差本身就是最大的浪费，而且还会带来其他的间接损失，给国家和使用者造成的浪费、损失将会更大。因此质量问题直接影响着我国经济建设的速度。

第二节　建筑工程项目质量影响因素

一、建筑工程项目质量管理的影响因素

建筑工程是一项繁杂的项目，涉及的施工环节和内容繁多，其质量管理的影响因素也比较多，导致管控难度比较大。

（一）人力因素

人员是建筑工程质量管理与控制的核心，也是唯一一个具有自我意识和行为能力的管理因素，其管理的难度比较大也最为关键，这主要是由于相关人员的综合素质直接关乎建筑工程质量的优劣，一般相应的管理工作就是对他们的素质进行严格审查和管理，具体包括领导层的管理人员以及施工层的施工人员，对他们的职业素质和专业素质等综合素质应进行详细的考核。

一方面，要做好建筑工程项目领导层管理人员以及施工人员专业素质的管理和控制工作，确保管理人员可以制订出高质量的施工方案，确保施工人员做到持证上岗，具备相关方面的专业技能。另一方面，要加强管理人员和施工人员的职业素质管理和控制，增强他们的质量意识和责任意识，具体需要通过开展教育培训等管理活动来不断培养和提升他们的质量意识，必要的时候需要有效结合建筑工程质量和全体职工的切实利益，这样可以更好地提升他们工作的积极性和热情，确保建筑工程质量目标可以顺利实现。

（二）材料因素

建筑工程施工材料是建筑工程得以顺利开展的物质基础，其质量优劣情况会对最终的建筑工程质量产生重要的影响，所以在实际的建筑工程中，需要对所用的各种材料质量进行严格地管理和控制，具体可以从如下几个方面入手：

第一，在建筑材料购置的过程中，需要做好相应的质量管理和控制工作，即要在确保建筑材料规格和型号符合建筑工程使用要求的基础上，向相关的质量检验人员申报，待审核通过后方可引进建材。

第二，要做好建筑材料和建筑设备入场的质量管理和控制工作，具体需要严格按照规定的材料采购目录来对各种建筑材料的型号、类型、数量和质量等相关指标因素

进行逐一检查，同时需要清点和存档各种与材料相关的图纸、资料、数据和测试结果，确保进入建筑工程现场材料的整体质量。

第三，在采购建筑材料的时候，需要做好入场之后的存储管理工作，避免各种建筑材料在储存过程中出现质量问题，比如要做好钢材和水泥的防潮、防水工作等，以避免出现不必要的经济损失。

（三）机器、设备因素

同建筑材料类似，施工机械设备也是影响建筑工程质量的重要因素，所以同样需要做好其管理与控制工作，具体需要做好如下几个方面的工作：

第一，要对建筑工程采购的机械设备的型号、类型等相关数据进行仔细核对，待将采购结果反馈给建筑工程中的质监部门进行校验且审核通过后方可进行采购或者租用。

第二，要做好各种施工机械设备入场之前的性能和质量检查工作，确保所用施工机械设备的性能可以满足建筑工程使用需求，具体包括型号、性能等相关指标。

第三，要做好各种施工机械设备的储存工作，定期对他们进行检修和维护，尤其是要做好施工之前的性能校验和施工完毕之后的检修和维护工作，确保它们可以始终保持在良好的运行工作状态，避免因施工机械设备质量问题而影响建筑工程质量。

（四）方法因素

所谓的方法因素实际上就是建筑工程中所用的施工方法、施工技术，具体就是要做好建筑工程施工过程中所用施工工艺、施工方案以及检测技术等的管理与控制工作，这在建筑工程质量管理与控制过程中占据着至关重要的地位，实际上，只有确保这些建筑施工方法和技术得以有效执行，方可确保各项施工工序的质量。但是在进行施工技术控制的过程中，必须要做好相关技术资料清单的审查和记录工作，尤其是要注意做好各项技术交底工作，采用动态管理模式来管理各种建筑工程资料文件，以确保施工方法、工艺和技术具有很强的操作性和合理性。

（五）环境因素

建筑工程本身具有不可移动、露天以及工期长等特征，尤其是很容易受到外部自然天气和环境等的影响，比如酷暑、风暴、暴雨、污染等均可能对建筑工程质量产生不利影响，所以必须要结合建筑工程所在地的实际环境特征和建设需求等情况，做好那些可能影响建筑工程质量环境因素的防范和控制工作。比如，在冰雹或者暴雨等恶劣天气下要停止露天施工；做好大风天气下各种高空机械设备的固定工作，避免因意外坠落而引发质量问题或者安全问题。另外，要注意做好建筑团队内部的文化建设，通过良好工作环境和人文环境等的营造来为建筑工程项目实施提供一个良好的施工环境，这样不仅有助于更好地实现建筑工程质量目标，而且有助于提升建筑工程效率，增加建筑工程质量效益、安全效益乃至生态效益，一举多得。

二、建筑工程项目施工阶段质量管理的重点工作

（一）工程项目的计划管理

工程项目的计划管理是对项目预期目标运行筹划安排等一系列活动的总称。工程项目计划管理是项目管理的重要组成部分，它对工程项目的总体目标进行规划，对工程项目实施的各项活动进行周密的安排，可以系统地确定项目的任务、综合进度和完成任务所需的资源等。

工程项目计划管理的主要作用是为工程项目的决策提供更为详尽的论证和依据。工程项目计划过程是一个决策过程，尤其是大型工程的项目，它们的综合性极强，往往涉及政治、经济和技术等诸多方面的决策问题，因而项目计划管理的作用，就是通过收集、整理和分析所掌握的信息，为项目决策人提供工程项目需不需要进行、有没有可能进行、怎样进行以及可能达到的目标等一系列的决策依据。项目计划是工程项目实施的指导性文件。

所有的建筑工程项目都必须有明确的项目目标和实施方案，而项目各项工作的开展，要以项目计划为依据，使工程项目在实施中做到有法可依、有据可查，以此来协调各项活动。因此，项目计划管理就是使整个工程项目的实施过程都在项目计划指导下进行。项目计划是实现项目目标的一种手段，需要通过计划管理使人力、材料、机械、资金等各种资源得到充分、有效的运用，并在项目实施过程中，及时地对各方面的活动进行协调，以达到质量优良、工期合理、造价较低的理想目标。

（二）工程项目的控制与协调

1. 工程项目的控制

工程项目控制是指管理者为实现项目目标，通过有效的监督手段及项目受控后的动态效应，不断改变项目控制状态以保证项目目标实现的综合管理过程。工程项目控制并非在项目实施阶段才开始，而是在项目酝酿、目标设计阶段即已开始。

在项目控制中主要运用下述基本控制理论。

（1）控制是一定主体为实现一定的目标而采取的一种行为。实现最优化控制必须首先满足两个条件，一是要有合格的控制主体；二是要有明确的控制目标。

（2）控制是按事先拟定的标准和计划进行的。控制活动就是要检查实际发生的情况与标准的偏差并加以纠正。

（3）控制的方法是检查、分析、监督、引导和纠正。

（4）控制是对被控制系统而言的。既要对被控制系统进行全过程控制，又要对其所有要素进行全面控制。全过程控制有事先控制、事中控制和事后控制；要素控制包括人力、物力、财力、信息、技术、组织、时间、信誉等。

（5）控制是动态的。

（6）提倡主动控制，即在偏离发生之前预先分析偏离的可能性，采取预防措施，防止发生偏离。

（7）控制是一个大系统，包括组织、程序、手段、措施、目标和信息等若干个分系统。

2. 工程项目的协调

工程项目的协调内容大致可分为以下几方面。

（1）人际关系的协调

人际关系的协调包括项目组织内部的人际关系，项目组织与关联单位的人际关系。人际关系的协调主要是为了解决人员之间在工作中的联系和矛盾。

（2）组织关系的协调

组织关系的协调主要是解决项目组织内部的分工与配合问题。

（3）供求关系的协调

供求关系的协调包括工程项目实施中所需人力、资金、设备、材料、技术、信息等供应，主要通过协调解决供求平衡问题。

（4）配合关系的协调

配合关系的协调包括建设单位、设计单位、分包单位、供应单位、监理单位在配合关系上的协助和配合，以达到同心协力的目的。

（5）约束关系的协调

约束关系的协调主要是了解和遵守国家及地方在政策、法规、制度等方面的制约，并求得执法部门的指导和许可。

（三）工程项目的风险管理

工程项目风险管理是指人们对工程项目潜在的意外损失进行识别、评估，并根据具体情况采取相应的措施进行处理，即在主观上尽可能有备无患或在无法避免时亦能寻求切实可行的补救措施，从而减少意外损失或进而使风险为我所用的工作过程。近年来，人们在工程项目管理中提出了全面风险管理的概念。全面风险管理是用系统的、动态的方法进行风险控制，以减少项目过程中的不确定性。它不仅使各层次的项目管理者建立风险意识、重视风险问题，防患于未然，而且在各阶段、各方面实施有效的风险控制，形成一个前后连贯的管理过程。

1. 项目全过程的风险管理

全面风险管理首先是体现在对项目全过程的风险管理上。在项目目标设计阶段，就应对影响重大的风险进行预测，寻求目标实现的风险和可能产生的困难。在可行性研究中，对风险的分析必须细化，进一步预测风险发生的可能性和规律性，同时必须研究各风险状况对项目目标的影响程度，即项目的敏感性分析。随着技术设计的深入，实施方案也逐步细化，项目的结构分析也逐渐清晰。在工程实施中加强风险的控制。项目结束后，要对整个项目的风险管理进行评价，以作为今后进行同类项目管理的经验和教训。

2. 对全部风险的管理

在每一阶段进行风险管理都要罗列各种可能的风险，并将它们作为管理对象，不能有遗漏和疏忽。

3. 全方位的管理

对风险要分析它对各方面的影响，例如对整个项目、对项目的各个方面的影响。采用的对策措施也必须考虑综合手段，从合同、经济、组织、技术、管理等各个方面确定解决办法。风险管理包括风险识别、风险分析、风险文档管理、风险评价、风险控制等全过程。

4. 全面的风险控制体系

在组织上全面落实风险控制责任，建立风险控制体系，将风险管理作为项目各层次管理人员的任务之一。

（四）工程项目的竣工验收与投产准备

工程项目竣工验收是基本建设程序的最后一个阶段，是全面检查合同执行情况、检验工程施工质量的重要环节。在此阶段，工程项目各参与主体的任务不同：对施工单位来讲，所承担的项目即将结束，并将转向或已经转向新的工程项目，所以既要做好竣工项目的收尾工作，不留尾巴，又要及时组织有关人员及时全面地总结整个工程项目施工过程的得与失，进行项目管理评估，为新项目提供借鉴；对建设单位来讲，工程项目经过验收，交付使用，标志着投入的建设资金转化为使用价值，项目投入运营后，应该及时对前期投资效果进行评价。

竣工验收指建设工程项目竣工后，由建设单位会同设计、施工、设备供应单位及工程质量监督等部门，对该项目是否符合规划设计要求以及建筑施工和设备安装质量进行全面检验后，取得竣工合格资料、数据和凭证的过程。

竣工验收，是全面考核建设工作，检查是否符合设计要求和工程质量的重要环节，对促进建设项目（工程）及时投产、发挥投资效果、总结建设经验有重要作用。

工程竣工验收指建设工程项目竣工后开发建设单位会同设计、施工、设备供应单位及工程质量监督部门，对该项目是否符合规划设计要求以及建筑施工和设备安装质量进行全面检验，取得竣工合格资料、数据和凭证。

第三节　建筑工程项目质量优化控制

一、质量控制中的注意事项

在我国的工程项目管理中十分重视质量管理，一再强调其重要性，许多先进的质量管理方法和手段也不断得到了广泛的推广。

（一）严格执行工程计划

工程项目管理不是追求最高的质量和最完美的工程，而是为了追求符合预定目标的，符合合同要求的工程。工程质量是按照工程使用功能的要求而设计的，它是经过与工期、费用优化后确定的，符合工程的整体效益目标。如果追求高质量就会损害其他两个目标，而最终会损害工程整体效益。无论谁提出变动工程质量时，都一定要先顾及工期和费用优化这两个方面。

同时，在符合项目功能、工期和费用要求的情况下，又必须追求尽可能地提高质量，不出质量事故，保证一次性成功，通过质量管理避免或减少损失和错误。

（二）要减少重复的质量管理工作

具体的分部工程是由承包商、实施负责人完成的，这些企业或部门中应有专门从事生产和技术管理的人员，他们应有具体的质量管理工作。这些企业有完备的质量管理系统，它是属于企业内部的领导、协调、计划、培训和组织的任务，实施负责人应负责这些工作，这属于合同的工作，而项目管理者不必再具体地重复这些工作（除了发现重大问题），但他必须监督各参加单位在他们负责的范围内用适当的措施、工具和方法来解决质量保证问题。当然也包括对实施中的质量管理工作提供帮助、解答，并积极介入，但如果存在质量问题仍由实施者负责。通过实践证明，在许多大项目，特别是多层次承（分）包的项目中，质量管理的重复工作现象是普遍存在的，这将导致管理人员的浪费、费用的浪费、时间的延长和信息的泛滥。

（三）严格控制项目质量控制的深度

不同种类的项目，不同的项目部分，项目管理进行质量控制的深度不一样，例如：对飞机和宇航工程、核工程的质量控制对于项目管理者来说比成本控制还重要，项目管理中必须设置专门的质量保证措施和组织。

对一些项目中的特殊部分，如超平地面、超洁净车间，应有细致严密的质量控制。

有些项目，特别是国家项目，政府机关要介入质量管理，则项目管理必须提供协调，如安排并协助检查、整理并提交报告等。

对一些新的开发型研究项目，很少有现存的质量标准和管理方法，则项目管理者必须寻找出新的质量管理方法，自己必须直接参与具体的质量管理。

（四）注意合同对质量管理的决定作用

一方面要利用合同达到对质量进行有效的控制，同时又要在合同范围内进行质量管理，超过合同范围则会导致赔偿问题。

（1）合同中对质量要求的说明文件，如图纸、规范，工作量表等应正确、清楚、详细、没有矛盾，应给各方面一个清晰的质量目标。应有定量化的、可执行、可检查的指标，以防止发生质量问题争执。

（2）在合同中应规定承包商的质量责任，划分界限、赋予项目管理者以绝对的质量检查权，并定义检查方法、手段及检查结果的处理方式。

（3）在合同中定义材料采购、图纸设计、工艺使用的认可和批准制度，即采购前先送样品认可，图纸使用前先批准。

（五）其他问题

质量问题大多是技术性工作，例如设计、实施方案、采购等工作，甚至在许多书中介绍的许多质量的统计方法、检测方法、分析方法实质上在很大程度上属于技术和技术管理问题。质量控制应着眼于质量控制程序的建立，质量、工期、成本目标的协调和平衡，质量保证体系的建立，工作监督、检查、跟踪、诊断等方面，以减少技术工作的错误和不完备性。这些工作都是技术工作有效性的保证。

质量控制的目标不是发现质量问题，而是应提前避免质量问题的发生。注意过去同类项目的经验和反面的教训，特别是过去的建设单位、设计单位、施工单位反映出来的对技术、质量有重大影响的关键性问题。

二、建筑工程项目中的质量控制

（一）工程项目设计阶段的质量控制

1. 设计质量控制及评定的依据

经国家决策部门批准的设计任务书，是项目设计阶段质量控制及评定的主要依据。而设计合同根据项目设计任务书规定的质量水平及标准，提出了工程项目的具体质量目标。因此，设计合同是开展设计工作质量控制及评定的直接依据。此外，以下各项资料也应作为设计质量控制及评定的依据。

（1）有关工程建设及质量管理方面的法律、法规

例如有关城市规划、建设用地、市政管理、环境保护、三废治理、建筑工程质量监督等方面的法律、行政法规和部门规章，以及各地政府在本地区根据实际情况发布的地方法规和规章。

（2）相关的技术标准

有关工程建设的技术标准，各种设计规范、规程、设计标准，以及有关设计参数的定额、指标等。

（3）相关的建筑设计报告

经批准的项目可行性研究报告、项目评估报告、项目选址报告。

（4）用地许可证

有关建设主管部门核发的建设用地规划许可证。

（5）相关数据资料

主要是指反映项目建设过程及使用寿命周期的有关自然、技术、经济、社会协作等方面情况的数据资料。

2. 设计准备中的质量控制

设计准备是提高项目设计工作质量的必要步骤，是项目规划阶段工作内容的自然延续。

（1）设计纲要的编制

在设计准备阶段，要正确掌握建设标准，编制设计纲要是确保设计质量的重要环节。因为设计纲要是确定工程项目的质量目标、水平，以反映业主的意图，编制设计文件的主要依据，是决定工程项目成败的关键。若决策不当，设计纲要编制失误，就会造成最大的失误。为此，在编制和审核设计纲要时，应对可行性报告进行充分研究、核实，来保证设计纲要的内容建立在物质资源和外部建设条件的可靠基础上。

设计纲要的内容一般包括：建设的目的和依据；建设的规模、产品方案和生产纲领；生产方法和工艺流程；矿产资源、水文、地质和原材料、燃料、动力、供水、供电、交通运输等协作配合条件；资源综合利用和“三废”治理的要求；建设地区和地点及占用土地的估算；防灾、抗灾等要求；建设工期；投资控制额；要求达到的经济效益和技术水平等事项。

对改建、扩建的大中型项目设计纲要，还应包括原有固定资产的利用程序和现有生产潜力的发挥情况。自筹资金的大中型项目设计纲要，还应注明资金、材料、设备的来源，并附有同级财政和物质部门签署的意见。

（2）组织设计招标或方案竞选

这项工作是在提出初步勘察任务，取得初步勘察报告后进行的。设计招标和方案竞选都为设计工作引进了竞争机制。设计招标是通过优胜劣汰，选择中标者承担设计任务。而方案竞选牵涉中标签合同的问题，它只评选竞赛的名次，主要通过评选找出各参赛方案的优点，进而另行委托设计单位，综合各方案的优点，做出新的设计方案。两种竞争方式相比，后者比前者灵活得多，费用也较低。因此方案竞选通常更能为业主带来效益。

（3）签订设计合同

根据设计招标或方案竞选最后标准的设计方案，做好设计单位的选择工作。应对设计承包单位的资质进行审查和认可，与其签订设计合同，并在合同中写明承包方的质量保证责任。如果设计承包单位需向其他单位委托设计分包时，则还应对设计分包单位的资质进行审查认可，提出详细勘察任务，协助签订勘察合同。

当工程项目位于城市规划地域内、设计方案需向城市规划部门报批时，应注意督促设计单位及时办理方案报批手续，并取得有关部门批准。

（二）工程项目施工阶段的质量控制

1. 施工阶段质量控制的程序

在施工阶段进行工程项目建设中，为了保证工程施工质量，监理工程师（业主）应对工程建设对象的施工生产进行全过程、全面的质量监督、检查与控制，即包括事前的各项施工准备工作质量控制，施工过程中的控制，以及各单项工程及整个工程项目完成后，对建筑施工及安装产品质量的事后控制。同时，施工承包单位也应加强自己的内部质量管理，严格遵循质量控制的各道程序。

2. 施工阶段工序质量的控制

施工过程的质量控制是施工阶段工程质量控制的重点。由于施工过程是由一系列相互联系与制约的工序所构成，工序是人、材料、机械设备、施工方法和环境等因素对工程质量综合起作用的过程，所以对施工过程的质量监控，必须要以工序质量控制为基础和核心，落实在各项工序的质量监控上。在施工过程中质量控制的主要工作应当是：以工序质量控制为核心，设置质量控制点，进行预控，严格质量检查和加强成品保护。

（1）工序质量监控的内容

工序质量监控主要包括如下两个方面的监控。

①工序活动条件的监控

所谓工序活动条件监控主要是指对于影响工序生产质量的各因素进行控制，换言之，就是要使工序活动能在良好的条件下进行，以确保工序产品的质量。工序活动条件的监控包括以下两个方面。

第一，施工准备方面的控制。即在施工前，应对影响工序质量的因素或条件进行监控。要控制的内容一般包括如下几项。

人的因素，如施工操作者和有关人员是否符合上岗要求。

材料因素方面，如材料质量是否符合标准，能否使用。

施工机械设备的条件诸如其规格、性能、数量能否满足要求，质量有无保障；拟采用的施工方法及工艺是否恰当，产品质量有无保证。

施工的环境条件是否良好等。

这些因素或条件应当符合规定的要求或保持良好状态。

第二，施工过程中对工序活动条件的监控。在施工过程中，工序活动是经过审查认可的。

②工序活动效果的监控

工序活动效果的监控主要反映了在对工序产品质量性能的特征指标的控制上。主要是指对工序活动的产品采取一定的检测手段，进行检验，根据检验结果分析、判断该工序活动的质量（效果），从而实现对工序质量的控制。

（2）对工序活动实施跟踪的动态控制

影响工序活动质量的因素对工序质量所产生的影响，可能表现为是一种偶然的、随机性的影响，也可能表现为一种系统性的影响。前者表现为工序产品的质量特征数据是以平均值为中心，上下波动不定，呈随机性变化，此时的工序质量基本上是稳定的，质量数据波动是正常的，它是由于工序活动过程中一些偶然的、不可避免的因素造成的，例如所用材料上的微小差异、施工设备运行的正常振动、检验误差等。这种正常的波动一般对产品质量影响不大，在管理上是容许的。而后者则表现为在工序产品质量特征数据方面出现异常大的波动或散差，其数据波动呈一定的规律性或倾向性变化，例如数值不断增大或减小、数据均大于（或小于）标准值，或呈周期性变化等，这种质量数据的异常波动通常是由于系统性的因素造成的，例如使用不合格的材料、施工机具设备严重磨损、违章操作、检验量具失准等。这种异常波动，在质量管理上是不允许的，应令施工单位采取措施设法加以消除。

因此，监理人员和施工管理者应当在整个工序活动中，连续地实施动态跟踪控制，通过对工序产品的抽样检验，来判定其产品质量波动状态，若工序活动处于异常状态，则应查找出影响质量的原因，立刻采取措施排除系统性因素的干扰，使工序活动恢复到正常状态，从而保证工序活动及其产品的质量。

第八章　建筑工程环境管理与优化创新

第一节　建筑工程项目环境管理概述

由于人口的迅猛增长和经济的快速发展，导致了生态环境状况的日益恶化。环境问题使人类的基本生存条件面临着严峻挑战，保护与改善环境质量，维持生态平衡，已成为世界各国谋求可持续发展的一个重要问题。

建筑工程是在人类社会发展过程中一项规模浩大、旷日持久的频密生产活动，在这个生产过程中，不仅改变了自然环境，而且还不可避免地对环境造成污染和损害。因此，在建设工程生产过程中，要竭尽全力地控制工程对资源环境的污染和损害程度，采用组织、技术、经济和法律的手段，对不可避免的环境污染和资源损坏予以治理，保护环境，造福人类，防止人类与环境关系的失调，以促进经济建设、社会发展和环境保护的协调发展。

一、环境保护的目的、原则和内容

1. 环境保护的目的

（1）保护和改善环境质量，从而保护人们的身心健康，防止人体在环境污染的影响下产生遗传突变和退化。

（2）合理开发和利用自然资源，减少或消除有害物质进入环境，加强生物多样性的保护，维护生物资源的生产能力，使之得以恢复。

2. 环境保护的基本原则

（1）经济建设与环境保护协调发展的原则；

（2）预防为主、防治结合、综合治理的原则；

（3）依靠群众保护环境的原则；

（4）环境经济责任原则，即污染者付费的原则。

3. 环境保护的主要内容

（1）预防和治理由生产和生活活动所引起的环境污染；

（2）防止由建设和开发活动引起的环境破坏；

（3）保护有特殊价值的自然环境；

（4）其他。如防止臭氧层破坏、防止气候变暖、国土整治、城乡规划、植树造林、控制水土流失和荒漠化等。

二、施工现场环境保护的有关规定

（1）工程的施工组织设计中应有防治扬尘、噪声、固体废物和废水等污染环境的有效措施，并在施工作业中认真组织实施。

（2）施工现场应建立环境保护管理体系，责任落实到人，并保证有效运行。

（3）对施工现场防治扬尘、噪声、水污染及环境保护管理工作进行仔细检查。

（4）定期对职工进行环保法规知识培训考核。

三、建筑工程环境保护措施

施工单位应遵守国家有关环境保护的法律规定，采取有效措施控制施工现场的各种粉尘、废气、废水、固体废物以及噪声、振动等对环境的污染和危害。根据《建筑施工现场管理条例》第三十二条规定，施工单位应当采取下列防止环境污染的措施：

（1）妥善处理泥浆水，未经处理不得直接排入城市排水设施和河流；

（2）除了设有符合规定的装置外，不得在施工现场熔融沥青或者焚烧油毡、油漆以及其他会产生有毒有害烟尘和恶臭气体的物质；

（3）使用密封式的圆筒或者采取其他措施处理高空废弃物；

（4）采取有效措施控制施工过程中的扬尘；

（5）禁止将有毒有害废弃物用作土方回填；

（6）对产生噪声、振动的施工机械，应采取有效控制措施，减轻噪声扰民。

第二节 文明施工与环境保护

一、文明施工

根据《建设工程施工现场管理规定》中的“文明施工管理”和《建设工程项目管理规范》(GB/T 50326—2006)中“项目现场管理”的规定，以及各省市有关建设工程文明施工管理的要求，施工单位应规范施工现场，要创造良好的生产、生活环境，保障职工的安全与健康，做到文明施工、安全有序、整洁卫生，不扰民、不损害公众利益。

1. 现场大门和围挡设置

(1) 施工现场设置钢制大门，大门应牢固、美观。高度不宜低于 4 m，大门上应标有企业标识。

(2) 施工现场的围挡必须要沿工地四周连续设置，不得有缺口。并且围挡要坚固、平稳、严密、整洁、美观。

(3) 围挡的高度：市区主要路段不宜低于 2.5 m；一般路段不低于 1.8 m。

(4) 围挡材料应选用砌体、金属板材等硬质材料，禁止使用彩条布、竹色、安全网等易变形材料。

(5) 建筑工程外侧周边应当使用密目式安全网（2 000 目 /100 cm2）进行防护。

2. 现场封闭管理

(1) 施工现场出入口设专职门卫人员，加强对现场材料、构件、设备的进出监督管理。

(2) 为加强对出入现场人员的管理，施工人员应佩戴工作卡以示证明。

(3) 根据工程的性质和特点，出入大门口的形式，各企业各地区可按各自的实际情况来确定。

3. 施工场地布置

(1) 施工现场大门内必须设置明显的五牌一图（即工程概况牌、安全生产制度牌、文明施工制度牌、环境保护制度牌、消防保卫制度牌及施工现场平面布置图），标明工程项目名称、建设单位、设计单位、施工单位、监理单位、工程概况及开工、竣工日期等。

(2) 对于文明施工、环境保护和易发生伤亡事故（或危险）处，应设置明显的、符合国家标准要求的安全警示标志牌。

（3）设置施工现场安全“五标志”，即：指令标志（佩戴安全帽、系安全带等）、禁止标志（禁止通行、严禁抛物等）、警告标志（当心落物、小心坠落等）、电力安全标志（禁止合闸、当心有电等）和提示标志（安全通道、火警、盗警、急救中心电话等）。

（4）现场主要运输道路尽量采用循环方式设置或有车辆调头的位置，以保证道路通畅。

（5）现场道路，有条件的可采用混凝土路面，无条件的可采用其他硬化路面。现场地面也应进行硬化处理，以免现场扬尘、雨后泥泞。

（6）施工现场必须有良好的排水设施，保证排水畅通。

（7）现场内的施工区、办公区和生活区要分开设置，保持安全距离并设标志牌。办公区和生活区应根据实际条件进行绿化。

（8）各类临时设施必须要根据施工总平面图布置，而且要整齐、美观。办公和生活用的临时设施宜采用轻体保温或隔热的活动房，既可多次周转使用、降低建造成本，又可达到整洁、美观的效果。

（9）施工现场临时用电线路的布置，必须符合安装规范和安全操作规程的要求，严格按施工组织设计进行架设，严禁任意拉线接电，而且必须设有保证施工要求的夜间照明。

（10）工程施工的废水、泥浆应经流水槽或管道流到工地集水池统一沉淀处理，不得随意排放和污染施工区域以外的河道、路面。

4. 现场材料、工具堆放

（1）施工现场的材料、构件、工具必须按施工平面图规定的位置堆放，不得侵占场内道路及安全防护等设施。

（2）各种材料、构件堆放应按品种、分规格整齐堆放，并设置明显标牌。

（3）施工作业区的垃圾不得长期堆放，要随时清理，做到每天工完场清。

（4）易燃易爆物品不能混放，要有集中存放的库房。班组使用的零散易燃易爆物品，必须按有关规定存放。

（5）在楼梯间、休息平台、阳台临边等地方不得堆放物料。

5. 施工现场安全防护布置

根据原建设部有关建筑工程安全防护的有关规定，项目经理部必须做好施工现场的安全防护工作。

（1）施工临边、洞口交叉、高处作业及楼板、屋面、阳台等临边防护，必须采用密目式安全立网全封闭，作业层要另加防护栏杆和 18 cm 高的踢脚板。

（2）通道口设防护棚，防护棚应为不小于 5 cm 厚的木板或两道相距 50 cm 的竹包，两侧应沿栏杆架用密目式安全网封闭。

（3）预留洞口用木板全封闭防护，对于短边超过 1.5 m 长的洞口，除封闭外，四周还应设有防护栏杆。

（4）电梯井口设置定型化、工具化、标准化的防护门，在电梯井内每隔两层（不大于 10 m）设置一道安全平网。

（5）楼梯边设 1.2 m 高的定型化、工具化、标准化的防护栏杆，18 cm 高的踢脚板。

（6）垂直方向交叉作业，应设置防护隔离棚或其他设施防护。

（7）在高空作业施工，必须有悬挂安全带的悬索或其他设施，有操作平台、有上下的梯子或其他形式的通道。

6. 施工现场防火布置

（1）施工现场应根据工程实际情况，制定消防制度或消防措施。

（2）按照不同的作业条件和消防的有关规定，合理配备消防器材，符合消防要求。消防器材设置点要有明显标志，夜间设置红色提示灯，消防器材应垫高设置，周围 2 m 内不准乱放物品。

（3）当建筑施工高度超过 30 m（或当地规定）时，为防止单纯依靠消防器材灭火不能满足要求，应配备有足够的消防水源和自救的用水量。扑救电气火灾不得用水，应使用干粉灭火器。

（4）在容易发生火灾的区域施工或储存、使用易燃易爆器材时，必须采取特殊的消防安全措施。

（5）现场动火，必须经有关部门批准，设专人管理。有五级及以上风级的风时，禁止使用明火。

（6）坚决执行现场防火“五不走”的规定，即交接班不交代不走、用火设备火源不熄灭不走、用电设备不拉闸不走、可燃物不清干净不走、发现险情不报告不走。

7. 施工现场临时用电布置

（1）施工现场临时用电配电线路：

1）按照 TN－S 系统要求配备五芯电缆、四芯电缆和三芯电缆。

2）按要求架设临时用电线路的电杆、横担、瓷夹、瓷瓶等，或电缆埋地的地沟。

3）对靠近施工现场的外电线路，设置木质、塑料等绝缘体的防护设施。

（2）配电箱、开关箱：

1）按三级配电要求，配备总配电箱、分配电箱、开关箱、三类标准电箱。开关箱应符合一机、一箱、一闸、一漏。三类电箱中的各类电器应都是合格品。

2）按两级保护的要求，选取符合容量要求和质量合格的总配电箱和开关箱中的漏电保护器。

3）接地保护：装置施工现场保护零线的重复接地应不少于三处。

8. 施工现场生活设施布置

（1）职工生活设施要符合卫生、安全、通风、照明等要求。

（2）职工的膳食、饮水供应等应符合卫生要求。炊事员必须有卫生防疫部门颁发的体检合格证。生食、熟食要分别存放，炊事员要穿白色工作服，食堂卫生要定期清扫检查。

（3）施工现场应设置符合卫生要求的厕所，有条件的应设水冲式厕所，并有专人清扫管理。现场应保持卫生，不得随地大小便。

（4）生活区应设置满足使用要求的淋浴设施和管理制度。

（5）生活垃圾要及时清理，不能与施工垃圾混放，并设专人进行管理。

（6）职工宿舍要考虑到季节性的要求，冬季应有保暖、防煤气中毒措施；夏季应有消暑、防蚊虫叮咬措施，必须保证施工人员的良好睡眠。

（7）宿舍内床铺及各种生活用品放置要整齐，通风良好，并要符合安全疏散的要求。

（8）生活设施的周围环境要保持良好的卫生条件，周围道路、院区平整，并要设置垃圾箱和污水池，不得随意乱泼乱倒。

9. 施工现场综合治理

（1）项目部应做好施工现场的安全保卫工作，建立好治安保卫制度和责任分工，并有专人负责管理。

（2）施工现场在生活区域内应适当设置职工业余生活场所，以便施工人员工作后能劳逸结合。

（3）现场不得焚烧有毒有害物质，该类物质必须按有关规定进行处理。

（4）现场施工必须采取不扰民措施，要设置防尘和防噪声设施，做到噪声不超标。

（5）为适应现场可能发生的意外伤害，现场应配备相应的保健药箱和一般常用药品及应急救援器材，以便保证及时抢救，不扩大伤势。

（6）为保障施工作业人员的身心健康，应在流行病发生季节及平时，定期开展卫生防疫的宣传教育工作。

（7）施工作业区的垃圾不得长期堆放，要随时清理；做到每天工完场清。

（8）施工现场应设置密闭式垃圾站，施工垃圾、生活垃圾应分类存放。施工垃圾必须采用相应容器或管道运输。

二、环境事故处理

1. 施工现场水污染的处理

（1）搅拌机前台、混凝土输送泵及运输车辆清洗处应设置沉淀池，废水未经沉淀处理，不得直接排入市政污水管网，经二次沉淀后方可排入市政排水管网或回收后用于洒水降尘。

（2）施工现场现制水磨石作业产生的污水，禁止随地排放。在作业时要严格控制污水流向，在合理位置设置沉淀池，经沉淀后方可排入市政污水管网。

（3）对于施工现场气焊用的乙炔发生罐产生的污水，严禁随地倾倒，要求用专用容器集中存放并倒入沉淀池处理，以免污染环境。

（4）现场要设置专用的油漆油料库，并对库房地面作防渗处理，储存、使用及保管要采取措施并由专人负责，以防止油料泄漏而污染土壤水体。

（5）施工现场的临时食堂，用餐人数在 100 人以上的，应设置简易、有效的隔油池，使产生的污水经过隔油池后，再排入市政污水管网。

（6）禁止将有害废弃物做土方回填，以免污染地下水和环境。

2. 施工现场噪声污染的处理

（1）施工噪声的类型。

1）机械性噪声，如柴油打桩机、推土机、挖土机、搅拌机、风钻、风铲、混凝土振动器、木材加工机械等发出的噪声。

2）空气动力性噪声，如通风机、鼓风机、空气锤打桩机、电锤打桩机、空气压缩机、铆枪等发出的噪声。

3）电磁性噪声，如发电机、变压器等发出的噪声。

4）爆炸性噪声，如放炮作业过程中发出的噪声。

（2）施工噪声的处理。

1）施工现场的搅拌机、固定式混凝土输送泵、电锯、大型空气压缩机等强噪声机械设备应搭设封闭式机械棚，并尽可能离居民区远一些设置，以减少强噪声的污染。

2）尽量选用低噪声或备有消声降噪设备的机械。

3）凡在居民密集区进行强噪声施工作业时，要严格控制施工作业时间，晚间作业不超过 22 ： 00，早晨作业不早于 6 ： 00。特殊情况下需昼夜施工时，应尽量采取降噪措施，并会同建设单位做好周围居民的工作，同时报工地所在地的环保部门备案后方可施工。

4）施工现场要严格控制人为的大声喧哗，必须增强施工人员防噪声扰民的自觉意识。

5）加强施工现场环境噪声的长期监测，要有专人监测管理并做好记录。凡超过国家标准即《建筑施工场界噪声限值》（GB 12523—2011）标准的，要及时进行调整，以达到施工噪声不扰民的目的。

3. 施工现场空气污染的处理

（1）施工现场外围设置的围挡不得低于 1.8 m，以便避免或减少污染物向外扩散。

（2）施工现场的主要运输道路必须进行硬化处理。现场应采取覆盖、固化、绿化、洒水等有效措施，做到不泥泞、不扬尘。

（3）应有专人负责环保工作，并配备相应的洒水设备，及时进行洒水，减少扬尘污染。

（4）对现场有毒有害气体的产生和排放，必须采取有效措施进行严格控制。

（5）对于多层或高层建筑物内的施工垃圾，应采用封闭的专用垃圾道或容器吊运，严禁随意凌空抛撒，造成扬尘。现场内还应设置密闭式垃圾站，施工垃圾和生活垃圾分类存放。施工垃圾要及时消运，消运时应尽量洒水或覆盖减少扬尘。

（6）在拆除旧建筑物、构筑物时，应配合洒水，减少扬尘污染。

（7）水泥和其他易飞扬的细颗粒散体材料应密闭存放，使用过程中应采取有效的措施防止扬尘。

（8）对于土方、渣土的运输，必须采取封盖措施。现场出入口处设置冲洗车辆的设施，出场时必须将车辆清洗干净，不得将泥沙带出现场。

（9）当市政道路施工铣刨作业时，应采用冲洗等措施，控制扬尘污染。灰土和无机料应采用预拌进场，碾压过程中要洒水降尘。

（10）混凝土搅拌，对于在城区内施工，应使用商品混凝土，从而减少搅拌扬尘；在城区外施工，搅拌站应搭设封闭的搅拌棚，搅拌机上应设置喷淋装置（如 JW-1 型搅拌机雾化器）方可施工。

（11）对于现场内的锅炉、茶炉、大灶等，必须设置消烟除尘设备。

（12）在城区、郊区城镇和居民稠密区、风景旅游区、疗养区及国家规定的文物保护区内施工的工程，要严禁使用敞口锅熬制沥青。凡进行沥青防潮防水作业时，要使用密闭和带有烟尘处理装置的加热设备。

4. 施工现场固体废物的处理

（1）施工现场固体废物处理的规定。在工程建设中产生的固体废物处理，必须根据《中华人民共和国固体废物污染环境防治法》的有关规定执行。

1）建设产生固体废物的项目以及建设储存、利用、处置固体废物的项目，必须依法进行环境影响评价，并遵守国家有关建设项目环境保护管理的规定。

2）建设生活垃圾处置的设施、场所，必须符合国务院环境保护行政主管部门和国务院建设行政主管部门规定的环境保护和环境卫生标准。

3）工程施工单位应当及时清运工程施工过程中产生的固体废物，并按照环境卫生行政主管部门的规定进行利用或者处置。

4）从事公共交通运输的经营单位，应当按照国家有关规定，清扫、收集运输过程中产生的生活垃圾。

5）从事城市新区开发、旧区改建和住宅小区开发建设的单位，以及机场、码头、车站、公园、商店等公共设施、场所的经营管理单位，应当按照国家有关环境卫生的规定，配套建设生活垃圾收集设施。

（2）固体废物的类型。施工现场产生的固体废物主要有三种，包括拆建废物、化学废物及生活固体废物。

1）拆建废物，包括渣土、砖瓦、碎石、混凝土碎块、废木材、废钢铁、废弃装饰材料、废水泥、废石灰、碎玻璃等。

2）化学废物，包括废油漆材料、废油类（汽油、机油、柴油等）、废沥青、废塑料、废玻璃纤维等。

3）生活固体废物，包括炊厨废物、丢弃食品、废纸、废电池、生活用具、煤灰渣、粪便等。

（3）固体废物的治理方法。废物处理是指采用物理、化学、生物处理等方法，将废物在自然循环中加以迅速、有效、无害地分解处理。根据环境科学理论，可将固体废物的治理方法概括为无害化、安定化和减量化三种。

1）无害化（也称为安全化），是指将废物内的生物性或化学性的有害物质，进行无害化或安全化处理。例如，利用焚化处理的化学法，将微生物杀灭，促使有毒物质氧化或分解。

2）安定化，是指为了防止废物中的有机物质腐化分解，产生臭味或衍生成有害微生物，将此类有机物质通过有效的处理方法，使其不再继续分解或变化。如以厌氧性的方法处理生活废物，使实时产生甲烷气，经过处理后的残余物完全腐化安定，不再发酵腐化分解。

3）减量化，大多废物疏松膨胀、体积庞大，不但增加运输费用，而且占用堆填处置场地大。减量化废物处理是将固体废物压缩或液体废物浓缩，或将废物无害焚化处理，烧成灰烬，使其体积缩小至 1/10 以下，以便运输堆填。

（4）固体废物的处理。

1）物理处理：包括压实浓缩、破碎、分选、脱水干燥等。这种方法可以浓缩或改变固体废物结构，但不会破坏固体废物的物理性质。

2）化学处理：包括氧化还原、中和、化学浸出等。这种方法能破坏固体废物中的有害成分，从而达到无害化，或将其转化成适于进一步处理、处置的形态。

3）生物处理：包括好氧处理、厌氧处理等。

4）热处理：包括焚烧、热解、焙烧、烧结等。

5）固化处理：包括水泥固化法和沥青固化法等。

6）回收利用和循环再造：将拆建物料再作为建筑材料利用；做好挖填土方的平衡设计，减少土方外运；重复使用场地围挡、模板、脚手架等物料；将可用的废金属、沥青等物料循环再用。

第三节　建筑工程环境管理体系

一、环境管理体系的概念

存在于以中心事物为主体的外部周边事物的客体，被称为环境。在环境科学领域里，中心事物是人类社会。而以人类社会为主体的周边事物环境，是由各种自然环境和社会环境的客体构成。自然环境是人类生产和生活所必需的、未经人类改造过的自然资源和自然条件的总体，包括大气环境（空气、温度、气候、阳光）、水环境（江、河、湖泊、海洋）、土地环境、地质环境（地壳、岩石、矿藏）、生物环境（森林、草原、野生生物）等。社会环境则是经过人工对各种自然因素进行改造后的总体（也称为人工环境系统），包括工农业生产环境（工厂、矿山、水利、农田、畜牧、果园）、聚落环境（城市、农场、乡村）、交通环境（铁路、公路、港口、机场）和文化环境（校园、人文遗迹、风景名胜区）等。

ISO 14000 环境管理体系标准是 ISO（国际标准化组织）在总结了世界各国的环境管理标准化成果，并具体参考英国的 BS 7750 标准后，于 1996 年年底正式推出的一整套环境系列标准。它是一个庞大的标准系统，由环境管理体系、环境审核、环境标志、环境行为评价、生命周期评价、术语和定义、产品标准中的环境指标等系列标准构成。此标准的总目的是支持环境保护和污染预防，并协调它们与社会需求和经济需求的关系，指导各类组织取得并表现出良好的环境行为。

二、环境管理体系的作用

（1）在全球范围内通过实施环境管理体系标准，可以规范所有组织的环境行为，以降低环境风险和法律风险，最大限度地节约能源和资源消耗，从而减少人类活动对环境造成的不利影响，维持和改善人类生存和发展的环境。

（2）实施环境管理体系，是实现经济可持续发展的需要。

（3）实施环境管理体系，是实现环境管理现代化的途径。

第四节 建筑工程环境管理与绿色施工

一、绿色管理概述

（一）绿色管理的定义

绿色管理就是将环境保护的观念融于企业的经营管理之中，它涉及了企业管理的各个层次、各个领域、各个方面、各个过程，要求在企业管理中时时处处考虑环保、体现绿色。

（二）绿色管理的原则

绿色管理并非指企业活动中的某个方面，而是贯穿于技术研发、产品生产、销售、企业文化传播等各个领域内，简单概括为“5R”原则，即研究（Research）、消减（Reduce）、再开发（Reuse）、循环（Recycle）、保护（Rescue）。

对企业来说，这是一揽子计划的制订和落实。以索尼公司为例，索尼是日本一家全球知名的大型综合性跨国企业集团，其将环保纳入企业的决策要素中，注重研究企业的环境对策（Research）。2010 年 4 月，索尼制订“走向零负荷”的绿色管理计划，从气候变化、资源循环、化学物质管理、生物多样性四个环境领域出发，制订公司未来在技术研发、产品设计规划、采购、事业活动、物流、废物回收和循环利用等方面的具体发展目标，力求在 2050 年能够实现“环境零负荷”。这是企业进行绿色管理的前提，对于具体环节的执行具有提纲挈领的意义。具体实践表现在以下几方面：

1. 减少或消除（Reduce）有害废弃物的排放

采用新技术、新工艺，减少或者消除有害废弃物的排放。例如 2009 年，在东京品川区大崎建设新办公大楼“索尼城市大崎”，大楼外墙采用“生化皮肤”系统。该系统利用水在气化时吸收外部热量的特点，来降低大楼外部空气温度，减少内部空调负荷，既节约电能，也减少了温室气体的排放。另外，索尼还研制了色素增感性太阳能电池，利用电化学的原理，将照射在有机色素上的光源转换成电能。和传统硅太阳能电池相比制造简单，成本低，耗能少。

2. 传统产品再开发（Reuse），变为环保产品

据调查，家电产品在使用时因耗电引起的二氧化碳排放达到产品生命周期中总排放的九成以上，其中八成的二氧化碳由电视机产生。索尼的液晶电视应用了状态感应器，能够感测电视机前人是否活动，特定区域内是否有人，在无人状态或者人睡着不动的情况下自动关闭画面，甚至关闭电源，以此达到节能效果。另外，针对以往电视机关机后仍然有少量电力消耗，增设节能关机功能，不拔掉电源插头即可实现真正关机，电力消耗几乎为零。

3. 对废旧产品的循环利用（Recycle）

索尼数字产品（无锡）有限公司推广零部件的回收箱，将废弃的零部件包装材料、托盘循环利用。这项措施使 2009 年度的废弃物排出总量比 2008 年减少 18%，单台产品的纸箱和塑料废弃物量从 2008 年 4 月的 100g/ 台减少到 2010 年 4 月的 45.2g/ 台。

4. 保护（Rescue）企业绿色形象

积极参与社区内的环境整治活动，对员工和公众进行绿色宣传，保护企业绿色形象。索尼公司则通过一系列社会公益活动，将环保理念输送给消费者，一方面履行企业的社会责任，另一方面提升企业在消费者心目中的形象。比如，在 2009 年 7 月开展了以“环境教育”为主题的“索尼在中国”活动，内容包括到学校开展环保教育、在地区举办环保竞赛、邀请学生参观工厂等。

简单概括起来如下。

第一，研究（Research）。将环保纳入企业的决策要素中，重视研究企业的环境对策。

第二，消减（Reduce）。采用新技术、新工艺，减少或消除有害废弃物的排放。

第三，再开发（Reuse）。变传统产品为环保产品，积极采用“绿色标志”。

第四，循环（Recycle）。对废旧产品进行回收处理，循环利用。

第五，保护（Rescue）。积极参与社区内的环境整治活动，对员工和公众进行绿色宣传，树立绿色企业形象。

（三）绿色管理的特点

（1）综合性，绿色管理是对生态观念和社会观念进行综合的整体发展。

（2）绿色管理的前提是消费者觉醒的“绿色”意识。

（3）绿色管理的基础在于绿色产品和绿色产业。

（4）绿色标准及标志呈现世界无差别性。

二、绿色管理的理论基础

（一）可持续发展理论

可持续发展概念的明确提出，最早可以追溯到1980年由世界自然保护联盟（IUCN）、联合国环境规划署（UNEP）以及野生动物基金会（WWF）共同发表的《世界自然保护大纲》。

1987年，以布伦兰特夫人为首的世界环境与发展委员会（WCED）发表了报告《我们共同的未来》。这份报告正式使用了可持续发展概念，并对之做出了比较系统的阐述，产生了广泛的影响。可持续发展理论是指既满足当代人的需要，又不对后代人满足其需要的能力构成危害的发展。

1.可持续发展的主要内容

有关可持续发展的定义有100多种，但被广泛接受影响最大的仍是世界环境与发展委员会在《我们共同的未来》中的定义。该报告中说明，可持续发展被定义为："能满足当代人的需要，又不对后代人满足其需要的能力构成危害的发展。它包括两个重要概念：需要的概念和限制的概念。需要的概念，尤其是世界各国人们的基本需要，应将此放在特别优先的地位来考虑；限制的概念，技术状况和社会组织对环境满足眼前和将来需要的能力施加的限制。"

可持续发展涉及了经济可持续、生态可持续和社会可持续三个方面的协调统一，要求人类在发展中讲究经济效益、关注生态和谐和追求社会公平，最终达到人的全面发展。

（1）经济可持续发展

可持续发展鼓励经济增长而不是以环境保护为名取消经济增长，因为经济发展是国家实力和社会财富的基础。但可持续发展不仅重视经济增长的数量，更追求经济发展的质量。可持续发展要求改变传统的以"高投入、高消耗、高污染"为特征的生产模式和消费模式，实施清洁生产和文明消费，以提高经济活动中的效益、节约资源和减少废物。从某种角度上，可以说集约型的经济增长方式就是可持续发展在经济方面的体现。

（2）生态可持续发展

可持续发展要求经济建设和社会发展要与自然承载能力相协调。发展的同时必须保护和改善地球生态环境，保证以可持续的方式使用自然资源和环境成本，使人类的发展控制在地球承载能力之内。因此，可持续发展强调了发展是有限制的，没有限制就没有发展的持续。生态可持续发展同样强调环境保护，但不同于以往将环境保护与社会发展对立的做法，可持续发展要求通过转变发展模式，从人类发展的源头、从根本上解决环境问题。

（3）社会可持续发展

可持续发展强调社会公平是环境保护得以实现的机制和目标。可持续发展指出世界各国的发展阶段可以不同，发展的具体目标也各不相同，但发展的本质应包括改善人类生活质量，提高人类健康水平，创造一个保障人们平等、自由、教育、人权和免受暴力的社会环境。

在人类可持续发展系统中，经济可持续是基础，生态可持续是条件，社会可持续才是目的。

2. 可持续发展的基本思想

（1）可持续发展并不否定经济增长

经济发展是人类生存和进步所必需的，也是社会发展和保持、改善环境的物质保障。要正确选择使用能源和原料的方式，力求减少损失、杜绝浪费，减少经济活动造成的环境压力，从而达到具有可持续意义的经济增长。环境恶化的原因存在于经济过程之中，解决办法也只能从经济过程中去寻找。要着重注意经济发展中存在的扭曲和误区，并站在保护环境，特别是保护全部资本存量的立场上去纠正它们，使传统的经济增长模式逐步向可持续发展模式进行过渡。

（2）可持续发展以自然资源为基础，同环境承载能力相协调

可持续发展追求人与自然的和谐。可持续性可以通过适当的经济手段、技术措施和政府干预得以实现，目的是减少自然资源的消耗速度，使之低于再生速度。如形成有效的利益驱动机制，引导企业采用清洁工艺和生产非污染物品，引导消费者采用可持续消费方式，并推动生产方式的改革。经济活动总会产生一定的污染和废物，但每单位经济活动所产生的废物数量是可以减少的。如果经济决策中能够将环境影响全面、系统地考虑进去，可持续发展则是可以实现的。如果处理不当，环境退化的成本将是十分巨大的，甚至会抵消经济增长的成果。

（3）可持续发展以提高生活质量为目标，同社会进步相适应

单纯追求产值的增长不能体现发展的内涵。“经济发展”比“经济增长”的概念更广泛、意义更深远。若不能使社会经济结构发生变化，不能使一系列社会发展目标得以实现，就不能承认其为“发展”，就是所谓的“没有发展的增长”。

（4）可持续发展承认自然环境的价值

这种价值不仅体现在环境对经济系统的支撑和服务上，而且也体现在环境对生命保障系统的支持上，应当把生产中环境资源的投入计入生产成本和产品价格之中，逐步修改和完善国民经济核算体系，即“绿色 GDP”。为了全面反映自然资源的价值，产品价格应当完整地反映三部分成本：资源开采或资源获取成本；与开采、获取、使用有关的环境成本，如环境净化成本和环境损害成本；由于当代人使用了某项资源而不可能为后代人使用的效益损失，即用户成本。产品销售价格应该是这些成本加上税及流通费用的总和，由生产者和消费者承担，最终由消费者承担。

（5）可持续发展是培育新的经济增长点的有利因素

通常情况认为，贯彻可持续发展要治理污染、保护环境、限制乱采滥伐和浪费资源，对经济发展是一种制约、一种限制。而实际上，贯彻可持续发展所限制的是那些质量差、效益低的产业。在对这些产业做某些限制的同时，恰恰为那些质优、效高，具有合理、持续、健康发展条件的绿色产业、环保产业、保健产业、节能产业等提供了发展的良机，培育了大批新的经济增长点。

可持续发展理论成为全世界的共识，并逐渐影响到社会的生产生活，它的产生与发展为绿色管理的兴起奠定了必要的社会环境与大众意识。

（二）循环经济理论

1. 循环经济理论的产生

“循环经济”一词是美国经济学家波尔丁在 20 世纪 60 年代提出生态经济时谈到的。波尔丁受当时发射的宇宙飞船的启发来分析地球经济的发展，他认为飞船是一个孤立无援、与世隔绝的独立系统，靠不断消耗自身资源存在的，最终它将因资源耗尽而毁灭。唯一使之延长寿命的方法就是要实现飞船内的资源循环，尽可能少地排出废物。同理，地球经济系统如同一艘宇宙飞船。尽管地球资源系统大得多，地球寿命也长得多，但是也只有实现对资源循环利用的循环经济，地球才能得以长存。

2. 循环经济推行的主要理念

（1）新的系统观

循环经济与生态经济都是由人、自然资源和科学技术等要素构成的大系统。要求人类在考虑生产和消费时不能把自身置于这个大系统之外，而是将自己作为这个大系统中的一部分来研究符合客观规律的经济原则。要从自然——经济大系统出发，对物质转化的全过程采取战略性、综合性、预防性措施，降低经济活动对资源环境的过度使用及对人类所造成的负面影响，使人类经济社会的循环与自然循环更好地融合起来，实现区域物质流、能量流、资金流的系统优化配置。

（2）新的经济观

就是用生态学和生态经济学规律来指导生产活动。经济活动要在生态可承受范围内进行，超过资源承载能力的循环是恶性循环，就会造成生态系统退化。只有在资源承载能力之内的良性循环，才能使生态系统平衡地发展。循环经济是用先进生产技术、替代技术、减量技术和共生链接技术以及废旧资源利用技术、“零排放”技术等支撑的经济，不是传统的低水平物质循环利用方式下的经济。要求在建立循环经济的支撑技术体系上下功夫。

（3）新的价值观

在考虑自然资源时，不仅要视为可利用的资源，而且还是需要维持良性循环的生态系统；在考虑科学技术时，不仅考虑其对自然的开发能力，而且要充分考虑到它对生态系统的维系和修复能力，使之成为有益于环境的技术；在考虑人自身发展时，不仅考虑人对自然的改造能力，而且还要重视人与自然和谐相处的能力，促进人的全面发展。

（4）新的生产观

就是要从循环意义上发展经济，用清洁生产、环保要求从事生产。它的生产观念是要充分考虑自然生态系统的承载能力，尽可能地节约自然资源，不断提高自然资源的利用效率。并且是从生产的源头和全过程充分利用资源，使每个企业在生产过程中少投入、少排放、高利用，达到废物最小化、资源化、无害化。上游企业的废物成为下游企业的原料，实现区域或企业群的资源最有效利用。并且用生态链条把工业与农业、生产与消费、城区与郊区、行业与行业有机结合起来，实现可持续生产和消费，逐步建成循环型社会。

循环经济理论作为一种新的经济观、系统观、价值观与生产观，为绿色管理理论进入企业经营管理中铺平了理论道路。

（三）环境经济学理论

在很长的一个阶段，人们认为水、空气等环境资源是取之不尽、用之不竭的，自然界是处理废弃物的最佳场所，最初由于生产能力和方式的局限，经济活动对自然环境的不利影响表现的不是很明显。但随着生产力的发展和人口的增长，自然环境对于人类的反作用逐渐清晰。尤其是到了20世纪50年代，由于这一时期社会生产规模的急剧扩大，人口迅速增加，经济活动的频繁与密集，使得自然资源的再生不能满足当时的需要，就出现了全球性的资源危机与环境破坏。随之，一些研究者开始注意到防治环境污染的经济问题，并试图论述和改变现状，而环境经济学就产生于环境科学和经济学之间的交叉处。

众所周知，社会经济的再生产过程与自然环境之间存在着密不可分的联系，自然环境为社会生产提供物质的支持，社会生产的废弃物又被排放到自然环境中。社会生产若不能遵循自然规律，打破与自然环境中的平衡，后果则不堪设想。环境经济学理论就是研究合理调节人与自然的物质变换关系，在遵循自然生态平衡和物质循环的规律下，使社会经济活动的近期直接效果与长期间接效果达到统一。

环境经济学理论所主张的环境与经济效益之间的观点，为绿色管理理论在经济活动中得以实现提供了一个强有力的发展后盾。

三、建筑工程项目绿色施工

（一）建筑工程项目绿色管理的内涵

（1）建筑工程项目绿色施工是根据可持续发展的要求，在传统项目管理理论中融入了绿色管理的思想。

（2）在项目管理全生命周期中的每一个阶段和过程中，采用一系列有效并可操作的实施、分析、控制、评价等方法。一直坚持“绿色”主导原则。

（3）特别注重对环境、资源的管理，让实施项目在科学的、合理的项目管理方法及理论指导下进行，实现环境、经济、社会三个效益的统一和谐，从而能够实现可持续发展。

（4）绿色管理就是在传统的项目管理基础上加入了绿色管理的理念，要求企业最大限度地节约资源、保护环境、减少污染和材料的循环利用，以实现经济效益与社会效益、长期利益与当前发展的和谐统一。

（二）建筑工程项目绿色管理的意义

以社会学的角度看，在生态、经济、环境、资源、管理等各方面，实现绿色工程项目管理具有较为深远的意义。

1. 环境学

环境科学是一门研究环境的物理、化学、生物三个部分的学科。它提供了综合、定量、和跨学科的方法来研究环境系统。由于大多数环境问题涉及人类活动，因此经济、法律和社会科学知识往往也可用于环境科学研究。一门研究人类社会发展活动与环境演化规律之间相互作用关系，以寻求人类社会与环境协同演化、持续发展途径与方法的科学。

以环境学的角度看，实现建筑工程项目绿色施工有利于减少环境污染，提高环境品质。绿色施工，顾名思义就是对施工过程中造成的污染应降到最小，而现今大部分施工活动对环境乃至人体健康都存在严重威胁。绿色工程项目可以将这种威胁降到最小。

2. 资源学

以资源学的角度看，建筑工程项目绿色施工有利于施工过程中合理使用资源。绿色施工在资源学上有一个定义，就是在工程进行施工的时候要充分考虑到自然资源，对于自然资源的利用崇尚适度、循环、综合的原则。并有可能进行充分利用，以最小的投入获得最大的产出。

3. 生态学

生态学是研究生物体与其周围环境（包括非生物环境和生物环境）相互关系的科学。目前已经发展为“研究生物与其环境之间的相互关系的科学”，有自己的研究对象、任务和方法的比较完整和独立的学科。

从生态学角度讲，建筑工程项目绿色施工应符合生态系统的运作规律，在进行建筑工程项目建造活动的同时，必须以可持续发展的眼光，来充分考虑其对于生态环境的影响，保持生态系统的平衡。

4. 经济学

经济学，是研究人类社会在各个发展阶段上的各种经济活动和各种相应的经济关系及其运行、发展的规律的科学。其中经济活动是人们在一定的经济关系的前提下，进行生产、交换、分配、消费以及与之有密切关联的活动，在所有的经济活动中，存在以较少耗费取得较大效益的问题。经济关系是人们在经济活动中结成的相互关系，在各种经济关系中，占主导地位的是生产关系。

从经济学角度讲，经济效益是建筑工程项目绿色施工所追求的目标。这就要求企业提高工程的投资效益，而建筑工程项目绿色施工正是可以通过科学的管理、健康的运营等手段，提高工程的投资效益，降低工程的建设成本，创造利润，实现投资效益，进而实现经济效益。

5. 管理学

管理学是一门综合性的交叉学科，是系统研究管理活动的基本规律和一般方法的科学。管理学是适应现代社会化大生产的需要产生的，它的目的是研究在现有的条件下，如何通过合理的组织和配置人、财、物等因素，来提高生产力的水平。

从管理学角度讲，建筑工程项目绿色施工应做到在施工的过程中，对于三大方面资源要进行合理的组织和安排，从而保证各部门之间协调统一，平衡发展。通过对人、财、物三方面的合理组织和安排，来实现企业、资源、环境三方面之间协调并且可持续发展。

6. 社会学

社会学是从社会整体观念出发，通过社会关系和社会行为来研究社会的结构、功能、发生、发展规律的综合性学科。

从社会学角度讲，要求建筑工程项目绿色施工在追求经济效益的同时，还要确保环境、资源和生态的平衡，做到经济效果、社会效果和生态效果的统一。

（三）建筑工程项目绿色施工的原则

1. 环保理念贯穿建筑工程项目管理的全程

在建筑工程项目施工的过程中，对于每一管理环节的设计、开发、实施、竣工以及补充性服务都需要考虑对环境产生的污染与破坏情况，并将环保措施付诸实践。尤为一提的是在决策过程中，不仅要考虑到环境因素，而且要重视对环境问题与企业决策相互融合共生的研究，以此来服务于企业。

2. 努力做到社会效益、经济效益与生态效益三方共赢

建筑工程项目绿色施工管理追求的不仅是眼前利益，而且追求眼前的、长远利益的统一，追求经济效益与环境保护以及社会责任三者之间的和谐，把获得企业发展与实现社会发展有机统一。

3. 重视资源节约与循环利用

在绿色经济中，资源节约与循环利用是一个重要议题，在建筑工程项目管理中，需要克服传统管理为最大限度在工期要求内完成任务浪费资源的缺陷，最大限度地考虑资源节约与循环利用，增加经济效益并保证生态环境。在管理中开发新技术与新工艺同样是实现资源节约的重要方式。

第九章　建筑工程项目安全管理与优化创新

第一节　建筑工程项目安全管理概述

一、安全管理

安全管理是一门技术科学，它是介于基础科学与工程技术之间的综合性科学。它强调了理论与实践的结合，重视科学与技术的全面发展。安全管理的特点是把人、物、环境三者进行有机的联系，试图控制人的不安全行为、物的不安全状态和环境的不安全条件，解决人、物、环境之间不协调的矛盾，排除影响生产效益的人为和物质的阻碍事件。

（一）安全管理的定义

安全管理同其他学科一样，有它自己特定的研究对象和研究范围。安全管理是研究人的行为与机器状态、环境条件的规律及其相互关系的科学。安全管理涉及人、物、环境相互关系协调的问题，有其独特的理论体系，并运用理论体系提出解决问题的方法。与安全管理相关的学科包括劳动心理学、劳动卫生学、统计科学、计算科学、运筹学、管理科学、安全系统工程、人机工程、可靠性工程、安全技术等。在工程技术方面，安全管理已广泛地应用于基础工业、交通运输、军事及尖端技术工业等。

安全管理是管理科学的一个分支，也是安全工程学的一个重要组成部分。安全工程学包括安全技术、工业卫生工程及安全管理。

安全技术是安全工程的技术手段之一。它着眼于对在生产过程中物的不安全因素和环境的不安全条件，采用技术措施进行控制，以保证物和环境安全、可靠，达到技术安全的目的。

工业卫生工程也是安全工程的技术手段之一。它着眼于消除或控制生产过程中对人体健康产生影响或危害的有害因素，从而保证安全生产。

安全管理则是安全工程的组织、计划、决策和控制过程，它是保障安全生产的一种管理措施。

总之，安全管理是研究人、物、环境三者之间的协调性，对安全工作进行决策、计划、组织、控制和协调；在法律制度、组织管理、技术和教育等方面采取综合措施，控制人、物、环境的不安全因素，以实现安全生产为目的的一门综合性学科。

（二）安全管理的目的

企业安全管理是遵照国家的安全生产方针、安全生产法规，需要根据企业实际情况，从组织管理与技术管理上提出相应的安全管理措施，在对国内外安全管理经验教训、研究成果的基础上，寻求适合企业实际的安全管理方法。而这些管理措施和方法的作用都在于控制和消除影响企业安全生产的不安全因素、不卫生条件，从而保障企业生产过程中不发生人身伤亡事故和职业病，不发生火灾、爆炸事故，不发生设备事故。因此，安全管理的目的如下。

1. 要确保生产场所及生产区域周边范围内人员的安全与健康

即要消除危险、危害因素，控制生产过程中伤亡事故和职业病的发生，保障企业内和周边人员的安全与健康。

2. 保护财产和资源

即要控制生产过程中设备事故和火灾、爆炸事故的发生，避免由不安全因素导致的经济损失。

3. 保障企业生产顺利进行

提高效率、促进生产发展，是安全管理的根本目的和任务。

4. 促进社会生产发展

安全管理的最终目的就是维护社会稳定、建立和谐社会。

（三）安全管理的主要内容

安全与生产是相辅相成的，没有安全管理保障，生产就无法进行；反之，没有生产活动，也就不存在安全问题。通常所说的安全管理，是针对生产活动中的安全问题，围绕着企业安全生产所进行的一系列管理活动。安全管理是控制人、物、环境的不安全因素，所以安全管理工作的主要内容大致如下。

第一，安全生产方针与安全生产责任制的贯彻实施。

第二，安全生产法规、制度的建立与执行。

第三，事故与职业病预防与管理。

第四，安全预测、决策及规划。

第五，安全教育与安全检查。

第六，安全技术措施计划的编制与实施。

第七，安全目标管理、安全监督与监察。

第八，事故应急救援。

第九，职业安全健康管理体系的建立。

第十，企业安全文化建设。

随着生产的发展，新技术、新工艺的应用，以及生产规模的扩大，产品品种的不断增多与更新，职工队伍的不断壮大与更替，加之在生产过程中环境因素的随时变化，企业生产会出现许多新的安全问题。当前，随着改革的不断深入，安全管理的对象、形式及方法也随着市场经济的要求而发生变化。因此，安全管理的工作内容也要不断适应生产发展的要求，随时调整和加强工作重点。

（四）安全管理的产生和发展

1. 安全管理的产生

（1）安全意识的出现

科学的产生和发展，从开始起便是由生产所决定的。安全管理这门科学和其他科学一样，也是随生产的发展，特别是随工业生产的发展而发展的。

自人类出现开始，安全问题就已存在。人类需要保护自己，要与自然灾害做斗争，警惕凶猛野兽的袭击和强大邻居的骚扰，他们有觉察危险迹象的本能，并且知道评价危险程度和做出防护反应。

科学技术的进步、生产的发展，提高了生产力，促进了社会的发展。然而，在技术进步和生产发展的同时，也会产生许多威胁人类安全与健康的问题。而要解决这些问题就需要从安全管理、安全技术、职业卫生等方面采取措施。

（2）安全隐患

火的发明和应用改变了人类饮食、促进了人类文明，为生产和生活提供热源等，但在使用过程中往往会引起灼烫、火灾、爆炸等事故。为防止灼烫、火灾、爆炸等事故发生，需要有消防管理、防火防爆安全技术措施来应对。

电的发明和应用，电是能源、动力，现代社会离不开电，但人们在发电、送电、变配电和用电过程中往往会发生触电、电气火灾、电离辐射等事故和职业危害。为防止触电、电气火灾等事故，以及电离辐射的危害，需要对电气设备加强安全管理，需要采取电气安全技术措施保证安全。

空压机、球磨机的发明和应用，提高了生产效率。但空压机、球磨机在运行过程中所产生的噪声、振动等给作业人员的健康带来一定的影响，这就需要采取管理与技术措施，解决噪声及振动的问题。

2. 安全管理的发展

(1)18世纪中叶

18世纪中叶，蒸汽机的发明促进了工业革命的发展，大规模的机械化生产开始出现，作业人员在极其恶劣的环境中每天从事超过10小时的劳动，作业人员的安全和健康时刻受到机器的威胁，伤亡事故和职业病不断出现。为了确保生产过程中作业人员的安全和健康，一些学者开始研究劳动安全卫生问题，采用的多种管理和技术手段改善了作业环境和作业条件，丰富了安全管理和安全技术的内容。

(2)20世纪初

20世纪初，现代工业兴起和快速发展，重大事故和环境污染也相继发生，造成了大量的人员伤亡和巨大的财产损失，给社会带来了极大危害，使人们不得不在一些企业设置专职安全人员和安全机构，开展安全检查、安全教育等安全管理活动。

(3)20世纪30年代

20世纪30年代，很多国家设立了安全生产管理的政府机构，颁布了劳动安全卫生的法律法规，逐步建立了较为完善的安全教育、安全检查、安全管理等制度，这些内容更进一步丰富了安全生产管理的内容。

(4)20世纪50年代

进入20世纪50年代，经济的快速增长，使人们的生活水平迅速提高，创造就业机会、改善工作条件、公平分配国民生产总值等问题，引起了越来越多经济学家、管理学家、安全工程专家和政治家的注意。工人强烈要求不仅要有工作机会，还要有安全和健康的工作环境。一些工业化国家，进一步加强了安全生产法律法规体系建设，在安全生产方面投入了大量资金进行科学研究，产生了一些安全生产管理原理、事故预防原理和事故模式理论等风险管理理论，以系统安全理论为核心的现代安全管理思想、方法、模式和理论基本形成。

(5)20世纪末

20世纪末，随着现代制造业和航空航天技术的飞速发展，人们对职业安全卫生问题的认识也发生了很大变化，安全生产成本、环境成本等成为产品成本的重要组成部分，职业安全卫生问题成为非官方贸易壁垒的利器。在这种背景下，“持续改进”“以人为本”的健康安全管理理念逐渐被企业管理者所接受，以职业健康安全管理体系为代表的企业安全生产风险管理思想开始形成，现代安全生产管理的内容更加丰富，现代安全生产管理理论、方法、模式以及相应的标准、规范更加成熟。

（五）安全管理的原理与原则

安全管理作为管理的重要组成部分，既要遵循管理的普遍规律，服从管理的基本原理与原则，又有其特殊的原理与原则。

原理是对客观事物实质内容及其基本运动规律的表述。原理与原则之间存在内在的、逻辑对应的关系。安全管理原理是从生产管理的共性出发，对生产管理工作的实质内容进行科学分析、综合、抽象与概括所得出的生产管理规律。

原则是根据对客观事物基本规律的认识引发出来的，是需要人们共同遵循的行为规范和准则。安全生产原则是指在生产管理原则的基础上，指导生产管理活动的通用规则。

原理与原则的本质与内涵是一致的。一般来说，原理更基本，更具有普遍意义；原则更具体，对行动更有指导性。

1. 系统原理

（1）系统原理的含义

系统原理是指运用系统论的观点、理论和方法来认识和处理管理中出现的问题，对管理活动进行系统分析，以达到管理的优化目标。

系统是由相互作用和相互依赖的若干部分组成，具有特定功能的有机整体。任何管理对象都可以作为一个系统。系统可以被分为若干子系统，子系统可以分为若干要素，即系统是由要素组成的。按照系统的观点，管理系统具有6个特征，即集合性、相关性、目的性、整体性、层次性和适应性。

安全管理系统是生产管理的一个子系统，包括各级安全管理人员、安全防护设备与设施、安全管理规章制度、安全生产操作规范和规程，以及安全生产管理信息等。安全贯穿于整个生产活动过程中，安全生产管理是全面、全过程和全员的管理。

（2）运用系统原理的原则

①动态相关性原则

动态相关性原则表明：构成管理系统的各要素是不断运动和发展的，它们相互联系又相互制约。如果管理系统的各要素都处于静止状态，就不会发生事故。

②整分合原则

高效的现代安全生产管理必须在整体规划下明确分工，在分工基础上进行有效综合，这就是整分合原则。运用该原则，要求企业管理者在制订整体目标和进行宏观策划时，必须将安全生产纳入其中，在考虑资金、人员和体系时，都必须将安全生产作为一个重要内容考虑。

③反馈原则

反馈是控制过程中对控制机构的反作用。成功、高效的管理，离不开灵活、准确、快速的反馈。企业生产的内部条件和外部环境是不断发生变化的，必须及时捕获、反馈各种安全生产信息，以便及时采取行动。

④封闭原则

在任何一个管理系统内部，管理手段、管理过程都必须构成一个连续封闭的回路，才能形成有效的管理活动，这就是封闭原则。封闭原则告诉我们，在企业安全生产中，各管理机构之间、各种管理制度和方法之间，必须具有紧密的联系，形成相互制约的回路，才能算有效。

2. 人本原理

（1）人本原理的含义

在安全管理中把人的因素放在首位，体现以人为本，这就是人本原理。以人为本有两层含义：一是一切管理活动都是以人为本展开的，人既是管理的主体，又是管理的客体，每个人都处在一定的管理层面上，离开人就无所谓管理；二是在管理活动中，作为管理对象的要素和管理系统各环节，都需要人掌管、运作、推动和实施。

（2）运用人本原理的原则

①动力原则

推动管理活动的基本力量是人，管理必须有能够激发人的工作能力的动力，这就是动力原则。对于管理系统，有三种动力，即物质动力、精神动力和信息动力。

②能级原则

现代管理认为，单位和个人都具有一定的能量，并且可按照能量的大小来顺序排列，形成管理的能级，就像原子中的电子能级一样。在管理系统中，建立一套合理能级，根据单位和个人能量的大小安排其工作，发挥不同能级的能量，保证结构的稳定性和管理的有效性，这就是能级原则。

③激励原则

管理中的激励就是利用某种外部诱因的刺激，调动人的积极性和创造性。以科学的手段，激发人的内在潜力，使其充分发挥积极性、主动性和创造性，这就是激励原则。人的工作动力来源于内在动力、外部压力和工作吸引力。

3. 预防原理

（1）预防原理的含义

安全生产管理工作应该做到以预防为主，通过有效的管理和技术手段，减少和防止人的不安全行为和物的不安全状态，达到预防事故的目的。在可能发生人身伤害、设备或设施损坏和环境破坏的场合中，事先采取措施，防止事故发生。

（2）运用预防原理的原则

①事故可以预防

生产活动过程都是由人来进行规划、设计、施工、生产运行的，人们可以改变设计、改变施工方法和运行管理方式，避免事故发生。同时可以寻找引起事故的本质因素，采取措施，予以控制，达到预防事故的目的。

②因果关系原则

事故的发生是由许多因素互为因果连锁发生的最终结果，只要诱发事故的因素存在，发生事故是必然的，只是时间或迟或早而已，这就是因果关系原则。

③ 3E 原则

造成事故的原因可归纳为 4 个方面，即人的不安全行为、设备的不安全状态、环境的不安全条件以及管理缺陷。针对这 4 方面的原因，可采取 3 种防止对策，即工程技术（Engineering）对策、教育（Education）对策和法制（Enforcement）对策，即所谓的 3E 原则。

④本质安全化原则

本质安全化原则是指从一开始和从本质上实现安全化，从根本上消除事故发生的可能性，从而达到预防事故发生的目的。

4. 强制原理

（1）强制原理的含义

采取强制管理的手段控制人的意愿和行为，使人的活动、行为等受到安全生产管理要求的约束，从而实现有效的安全生产管理。所谓强制就是绝对服从，不必经过管理者的同意便可采取的控制行动。

（2）运用强制原理的原则

①安全第一原则

安全第一就是要求在进行生产和其他工作时把安全工作放在一切工作的首要位置。当生产和其他工作与安全发生矛盾时，要以安全为主，生产和其他工作要服从安全。

②监督原则

监督原则是指在安全活动中，为了使安全生产法律法规得到落实，必须设立安全生产监督管理部门，对企业生产中的守法和执法情况进行监督，监督主要包括国家监督、行业管理、群众监督等。

二、建筑工程项目安全管理内涵

（一）建筑工程安全管理的概念

建筑工程安全管理是指为保护产品生产者和使用者的健康与安全，控制影响工作场所内员工、临时工作人员、合同方人员、访问者和其他有关部门人员健康和安全的条件和因素，考虑和避免因使用不当对使用者造成健康和安全的危害而进行的一系列管理活动。

（二）建筑工程安全管理的内容

建筑工程安全管理的内容是建筑生产企业为达到建筑工程职业健康安全管理的目的，所进行的指挥、控制、组织、协调活动，包括制订、实施、实现、评审和保持职业健康安全所需的组织机构、计划活动、职责、惯例、程序、过程和资源。

不同的组织（企业）根据自身的实际情况制订方针，并为实施、实现、评审和保持（持续改进）建立组织机构、策划活动、明确职责、遵守有关法律法规和惯例、编制程序控制文件，实行过程控制并提供人员、设备、资金和信息资源，保证职业健康安全管理任务的完成。

（三）建筑工程安全管理的特点

1. 复杂性

建筑产品的固定性和生产的流动性及受外部环境影响多少，决定了建筑工程安全管理的复杂性。

（1）建筑产品生产过程中生产人员、工具与设备的流动性，主要表现如下。

①同一工地不同建筑之间的流动。

②同一建筑不同建筑部位上的流动。

③一个建筑工程项目完成后，又要向另一新项目变迁的流动。

（2）建筑产品受不同外部环境影响多，主要表现如下。

①露天作业多。

②气候条件变化的影响。

③工程地质和水文条件变化的影响。

④地理条件和地域资源的影响。

由于生产人员、工具和设备的交叉和流动作业，受不同外部环境的影响因素多，使健康安全管理很复杂，若考虑不周就会出现问题。

2. 多样性

产品的多样性和生产的单件性决定了职业健康安全管理的多样性。建筑产品的多样性决定了生产的单件性。每一个建筑产品都要根据其特定的要求进行施工，主要表现如下。

（1）不能按同一图样、同一施工工艺、同一生产设备进行批量重复生产。

（2）施工生产组织及结构的变动频繁，生产经营的“一次性”特征特别突出。

（3）生产过程中实验性研究课题多，所碰到的新技术、新工艺、新设备、新材料给职业健康安全管理带来不少难题。

因此，对于每个建筑工程项目都要根据其实际情况，制订出健康安全管理计划，不可相互套用。

3. 协调性

产品生产过程的连续性和分工性决定了职业健康安全管理的协调性。建筑产品不能像其他许多工业产品一样，可以分解为若干部分同时生产，而必须在同一固定场地，按严格程序连续生产，上一道程序不完成，下一道程序也不能进行，上一道工序生产的结果往往会被下一道工序所掩盖，而且每一道程序由不同人员和单位完成。因此，在建筑施工安全管理中，要求各单位和专业人员横向配合和协调，共同注意产品生产过程接口部分安全管理的协调性。

4. 持续性

产品生产的阶段性决定职业健康安全管理的持续性。一个建筑项目从立项到投产要经过设计前的准备阶段、设计阶段、施工阶段、使用前的准备阶段（包括竣工验收和试运行）、保修阶段五个阶段。这五个阶段都要十分重视项目的安全问题，持续不断地对项目各个阶段可能出现的安全问题实施管理。否则，一旦在某个阶段出现安全问题就会造成投资的巨大浪费，甚至会造成工程项目建设的夭折。

第二节　建筑工程项目安全管理问题

一、建筑工程施工的不安全因素

施工现场各类安全事故潜在的不安全因素主要有施工现场人的不安全因素和施工现场物的不安全状态。同时，管理的缺陷也是不可忽视的重要因素。

（一）事故潜在的不安全因素

人的不安全因素和物的不安全状态，是造成绝大部分事故的两个潜在的不安全因素，通常也可称作事故隐患。事故潜在的不安全因素是造成人身伤害、物的损失的先决条件，各种人身伤害事故均离不开人与物，人身伤害事故就是人与物之间产生的一种意外现象。在人与物中，人的因素是最根本的，因为物的不安全状态的背后，实质上还是隐含着人的因素。通过分析大量事故的原因可以得知，单纯由于物的不安全状态或者单纯由于人的不安全行为导致的事故情况并不多，事故几乎都是由多种原因交织而形成的。总的来说，发生安全事故时有人的不安全因素和物的不安全状态以及管理的缺陷等多方面原因结合而形成的。

1. 人的不安全因素

人的不安全因素是指影响安全的人的因素，是使系统发生故障或发生性能不良事件的人员自身的不安全因素或违背设计和安全要求的错误行为。人的不安全因素可分为个人的不安全因素和人的不安全行为两个大类。个人的不安全因素是指人的心理、生理、能力中所具有不能适应工作、作业岗位要求而影响安全的因素；人的不安全行为，通俗地讲，就是指能造成事故的人的失误，即能造成事故的人为错误，是人为地使系统发生故障或发生性能不良事件，是违背设计和操作规程的错误行为。

（1）个人的不安全因素

①生理上的不安全因素

生理上的不安全因素包括患有不适合作业岗位的疾病、年龄不适合作业岗位要求、体能不能适应作业岗位要求的因素，疲劳和酒醉或刚睡醒、感觉眼睛朦胧、视觉和听觉等感觉器官不能适应作业岗位要求的因素等。

②心理上的不安全因素

心理上的不安全因素是指人在心理上具有影响安全的性格、气质和情绪（如急躁、懒散、粗心等）。

③能力上的不安全因素

能力上的不安全因素包括知识技能、应变能力、资格等不适应工作环境和作业岗位要求的影响因素。

（2）人的不安全行为

①产生不安全行为的主要因素

主要因素有工作上的原因，系统、组织上的原因以及思想上责任性的原因。

②主要工作上的原因

主要工作上的原因有作业的速度不适当、工作知识的不足或工作方法不适当，技能不熟练或经验不充分、工作不当，且又不听或不注意管理提示。

③不安全行为在施工现场的表现如下。

第一，不安全装束。

第二，物体存放不当。

第三，造成安全装置失效。

第四，冒险进入危险场所。

第五，徒手代替机器操作。

第六，有分散注意力行为。

第七，操作失误，忽视安全、警告。

第八，对易燃、易爆等危害物品处理错误。

第九，使用不安全设备。

第十，攀爬不安全位置。

第十一，在起吊物下作业、停留。

第十二，没有正确使用个人防护用品、用具。

第十三，在机器运转时进行检查、维修、保养等工作。

2. 物的不安全状态

物的不安全状态是指能导致事故发生的物质条件，包括机械设备等物质或环境所存在的不安全因素。通常，人们将此称为物的不安全状态或物的不安全条件，也有人直接称其为不安全状态。

（1）物的不安全状态的内容

①安全防护方面的缺陷。

②作业方法导致的物的不安全状态。

③外部的和自然界的不安全状态。

④作业环境场所的缺陷。

⑤保护器具信号、标志和个体防护用品的缺陷。

⑥物的放置方法的缺陷。

⑦物（包括机器、设备、工具、物质等）本身存在的缺陷。

（2）物的不安全状态的类型

①缺乏防护等装置或有防护装置但存在缺陷。

②设备、设施、工具、附件有缺陷。

③缺少个人防护用品用具或有防护用品但存在缺陷。

④生产（施工）场地环境不良。

（二）管理的缺陷

施工现场的不安全因素还存在组织管理上的不安全因素，通常也可称为组织管理上的缺陷，它也是事故潜在的不安全因素，作为间接的原因共有以下几个方面。

第一，技术上的缺陷。

第二，教育上的缺陷。

第三，管理工作上的缺陷。

第四，生理上的缺陷。

第五，心理上的缺陷。

第六，学校教育和社会、历史原因造成的缺陷等。

所以，建筑工程施工现场安全管理人员应从“人”和“物”两个方面入手，在组织管理等方面加强工作力度，消除任何物的不安全因素以及管理上的缺陷，预防各类安全事故的发生。

二、建筑工程施工现场的安全问题

（一）建筑施工现场的安全隐患

1. 安全管理存在的安全隐患

安全管理工作不到位，是造成伤亡事故的原因之一。安全管理存在的安全隐患主要有以下几点。

（1）安全生产责任制不健全。

（2）企业各级、各部门管理人员生产责任制的系统性不强，没有具体的考核办法，或没有认真考核，或无考核记录。

（3）企业经理对本企业安全生产管理中存在的问题没有引起高度重视。

（4）企业没有制订安全管理目标，且没有将目标分解到企业各部门中，尤其是项目经理部、各班组，也没有分解到具体人。

（5）目标管理无整体性、系统性，无安全管理目标执行情况的考核措施。

（6）项目部单位工程施工组织设计中，安全措施不全面、无针对性，而且在施工安全管理过程中，安全措施没有具体落实到位。

（7）没有工程施工安全技术交底资料，即使有书面交底资料，也不全面，针对性不强，未履行签字手续。

（8）没有制订具体的安全检查制度，或未认真进行检查，在检查中发现的问题没有及时进行整改。

（9）没有制订具体的安全教育制度，没有具体安全教育内容，对季节性和临时性工人的安全教育很不重视。

（10）项目经理部不重视开展班前安全活动，无班前安全活动记录。

（11）施工现场没有安全标志布置总平面图，安全标志的布置不能形成总的体系。

2. 土方工程存在的安全隐患

（1）开挖前未摸清地下管线，未制订应急措施。

（2）土方施工时放坡和支护不符合规定。

（3）机械设备施工与槽边安全距离不符合规定，又无措施。

（4）开挖深度超过 2 米的沟槽，未按标准设围栏防护和密闭安全网封挡。

（5）超过 2 米的沟槽，未搭设上下通道，危险处未设红色标志灯。

（6）地下管线和地下障碍物未明或在管线 1 米内机械挖土。

（7）未设置有效的排水、挡水措施。

（8）配合作业人员和机械之间有一定的距离。

（9）打夯机传动部位无防护。

（10）打夯机未在使用前检查。

（11）电缆线在打夯机前经过。

（12）打夯机未用漏电保护和接地接零。

（13）挖土过程中土体产生裂缝，未采取措施而继续作业。

（14）回土前拆除基坑支护的全部支撑。

（15）挖土机械碰到支护、桩头，挖土时动作过大。

（16）在沟、坑、槽边沿 1 米内堆土、堆料、停置机具。

（17）雨后作业前未检查土体和支护的情况。

（18）机械在输电线路下未空开安全距离。

（19）进出口的地下管线未加固保护。

（20）场内道路损坏未整修。

（21）铲斗从汽车驾驶室上通过。

（22）在支护和支撑上行走、堆物。

3. 砌筑工程存在的安全隐患

（1）基础墙砌筑前未对土体的情况进行检查。

（2）垂直运砖的吊笼绳索不符合要求。

（3）人工传砖时脚手板过窄。

（4）砖输送车在平地上间距小于 2 米。

（5）操作人员踩踏砌体和支撑上下基坑。

（6）破裂的砖块在吊笼的边沿。

（7）同一块脚手板上操作人员多于 2 人。

（8）在无防护的墙顶上作业。

（9）站在砖墙上进行作业。

（10）砖筑工具放在临边等易坠落的地方。

（11）内脚手板未按有关规定搭设。

（12）砍砖时向外打碎砖，从而导致人员伤亡事故。

（13）操作人员无可靠的安全通道上下。

（14）脚手架上的冰霜积雪杂物未清除就开始作业。

（15）砌筑楼房边沿墙体时未安设安全网。

（16）脚手架上堆砖高度超过 3 皮侧砖。

（17）砌好的山墙未做任何加固措施。

（18）吊重物时用砌体做支撑点。

（19）砖等材料堆放在基坑边 1.5 米内。

（20）在砌体上拉缆风绳。

（21）收工时未做到工完场清。

（22）雨天未对刚砌好的砌体做防雨措施。

（23）砌块未就位放稳就松开夹具。

4. 脚手架工程存在的安全隐患

（1）脚手架无搭设方案，尤其是落地式外脚手架，项目经理将脚手架的施工承包给架子工，架子工有的按操作规程搭设，有的凭经验搭设，根本未编制脚手架施工方案。

（2）脚手架搭设前未进行交底，项目经理部施工负责人未组织脚手架分段及搭设完毕的检查验收，即使组织验收，也无量化验收内容。

（3）门形等脚手架无设计计划书。

（4）脚手架与建筑物的连接不够牢固。

（5）杆件间距与剪刀撑的设置不符合规范的规定。

（6）脚手板、立杆、大横杆、小横杆材质不符合要求。

（7）施工层脚手板未铺满。

（8）脚手架上材料堆放不均匀，荷载超过规定。

（9）通道及卸料平台的防护栏杆不符合规范规定。

（10）地式和门形脚手架基础不平、不牢，扫地杆不符合要求。

（11）挂、吊脚手架制作组装不符合设计要求。

（12）附着式升降脚手架的升降装置、防坠落、防倾斜装置不符合要求。

（13）脚手架搭设及操作人员，经过专业培训的未上岗，未经专业培训的却上岗。

5. 钢筋工程存在的安全隐患

（1）在钢筋骨架上行走。

（2）绑扎独立柱头时站在钢箍上操作。

（3）绑扎悬空大梁时站在模板上操作。

（4）钢筋集中堆放在脚手架和模板上。

（5）钢筋成品堆放过高。

（6）模板上堆料处靠近临边洞口。

（7）钢筋机械无人操作时不切断电源。

（8）工具、钢箍短钢筋随意放在脚手板上。

（9）钢筋工作棚内照明灯无防护。

（10）钢筋搬运场所附近有障碍。

（11）操作台上未清理钢筋头。

（12）钢筋搬运场所附近有架空线路临时用电气设备。

（13）用木料、管子、钢模板穿在钢箍内作立人板。

（14）机械安装不坚实稳固，机械无专用的操作棚。

（15）起吊钢筋规格长短不一。

（16）起吊钢筋下方站人。

（17）起吊钢筋挂钩位置不符合要求。

（18）钢筋在吊运中未降到 1 米就靠近。

6. 混凝土工程存在的安全隐患

（1）泵送混凝土架子搭设不牢靠。

（2）混凝土施工高处作业缺少防护、无安全带。

（3)2 米以上小面积混凝土施工无牢靠立足点。

（4）运送混凝土的车道板搭设两头没有搁置平稳。

（5）用电缆线拖拉或吊挂插入式振动器。

（6）2米以上的高空悬吊未设置防护栏杆。

（7）板墙独立梁柱混凝土施工时，站在模板或支撑上。

（8）运送混凝土的车子向料斗倒料，无挡车措施。

（9）清理地面时向下乱抛杂物。

（10）运送混凝土的车道板宽度过小。

（11）料斗在临边时人员站在临边一侧。

（12）井架运输小车把伸出笼外。

（13）插入式振动器电缆线不满足所需的长度。

（14）运送混凝土的车道板下，横楞顶撑没有按规定设置。

（15）使用滑槽操作部位无护身栏杆。

（16）插入式振动器在检修作业间未切断电源。

（17）插入式振动器电缆线被挤压。

（18）运料中相互追逐超车，卸料时双手脱把。

（19）运送混凝土的车道板上有杂物、有砂石等。

（20）混凝土滑槽没有固定牢靠。

（21）插入式振动器的软管出现断裂。

（22）站在滑槽上操作。

（23）预应力墙砌筑前未对土体的情况进行检查。

7. 模板工程存在的安全隐患

（1）无模板工程施工方案。

（2）现浇混凝土模板支撑系统无设计计算书，支撑系统不符合规范要求。

（3）支撑模板的立柱材质及间距不符合要求。

（4）立柱长度不一致，或采用接短柱加长，交接处不牢固，或在立柱下垫几皮砖加高。

（5）未按规范要求设置纵横向支撑。

（6）木立柱下端未锯平，下端无垫板。

（7）混凝土浇灌运输道不平稳、不牢固。

（8）作业面孔洞及临边无防护措施。

（9）垂直作业上下无隔离防护措施。

（10）2米以上高处作业无可靠立足点。

（二）建筑工程施工整体过程中存在的安全问题

1. 建设单位方面不履行基本建设程序

国家确定的基本建设程序，指的是在建筑的过程中应该符合相应的客观规律和表现形式，符合国家法律法规规定的程序要求。目前来看，建筑市场存在着违背国家确定程序的现象，建筑行业相对来说较为混乱。一部分业主违背国家的建设规定，不严格按照既定的法律法规走立项、报建、招标等程序，而是通过私下的交易承揽建筑施工权。在建筑施工阶段，建设单位、工程总包单位违法转包、分包，并且要求最终施工承建单位垫付工程款或缴纳投标保证金、履约保证金等。在采购环节，为了省钱而购买假冒伪劣材料设备，导致质量和安全问题不断产生。

目前，比较突出的问题是建设单位没有按照规定先取得施工许可即开工。根据相关规定，项目开工必须取得施工许可证，取得施工许可证以后还应该将工程安全施工管理措施整理成文提交备案。但是，由于建设单位为了赶进度后开工，同时政府部门监管不够及时到位，管理机制不够严格，导致部分工程开工的时候手续不全、工程不顺、责任不明，发生事故的时候就互相推诿。一些建设单位通过关系，强行将建筑工程包下之后却不注重安全管理，随意降低建筑修筑质量，以低价将工程分包给水平低、包工价格低的施工队伍，这样的做法完全不能保证建筑修筑过程中的安全，以及所修筑的建筑本身质量，极易在施工过程中发生事故。

2. 强行压缩合理工期

工期的概念就是工程的建设期限，工期要通过科学论证的计算。工期的时间应该符合基本的法律与安全常识，不可以随意更改和压缩。在建筑工程施工中，存在着大赶快上，盲目地赶进度或赶工期，而这种情况有时还被作为工作积极的表现进行宣扬，这也造成了某种程度上部分建设单位认为工期是能够随意调整的现象。而媒体的大肆宣传，有时也会造成豆腐渣工程的产生。过快的完成工期，最后很容易演变成“豆腐渣”工程，不得不推倒重来。一些建设单位通过打各种旗号，命令施工队伍夜以继日地施工作业，强行加快建筑修筑的进度，而忽略了安全管理方面的工作。建设单位不顾施工现场的实际情况，有些地点存在障碍，比如带电的高压线，强行要求施工单位进行施工作业，施工人员因为夜以继日地工作，建设单位要求加快进度的压力以及部分施工地点的危险源，如果不采取合理的安全管理措施，很容易因为赶进度、不注意危险源而发生安全事故。

3. 缺少安全措施经费

工程建设领域存在不同程度的“垫资”情况，施工企业对安全管理方面的资金投入有限，导致安全管理的相关技术和措施没有办法全部执行到位，有的甚至连安全防护用品都不能够全部及时更换，施工人员的安全没有办法得到保障。施工单位处于建筑市场的最底层，安全措施费得不到足额发放，而很多建设单位发放安全措施费也只是走个流程，方便工地顺利施工。甚至有些施工单位为了能够把工程揽到自己的施工队伍里面，自愿将工程的费用足额垫付，以便能得到工程的施工权，在这种情况下，其他费用，如安全管理费则显得捉襟见肘。因此，施工人员在施工现场极易发生安全事故。

4. 建筑施工从业人员安全意识、技能较低

大量的农民工进入建筑业，他们大都刚刚完成从农民到工人的转变，缺乏比较基本的安全防护意识和操作技能。他们不熟悉施工现场的作业环境，不了解施工过程中的不安全因素，缺乏安全生产知识，安全意识及安全技能较低。

5. 特种作业操作人员无证上岗

目前，一些特种作业的操作人员并未持特种作业证上岗进行作业，如起重机械司索、信号工种施工现场严重缺乏，场内机动车辆无证驾驶人员较多等。这些关键岗位的人员，如未经过系统安全培训，不持证上岗，作业时极易造成违章行为，造成重大事故。

6. 违章作业及心态分析

部分施工作业人员对于安全生产认识不足，缺乏应有的安全技能，盲目操作，违章作业，冒险作业，自我防护意识较差，违反安全操作规程，野蛮施工，导致事故频频发生。通过分析他们违章作业，发现主要存在以下几种心态。

（1）自以为是的态度

部分作业人员，不愿受纪律约束，嫌安全规程麻烦，危险的时候甚至逞英雄、出风头；喜欢凭直观感觉，认为自己什么都懂，暴露出浮躁、急功近利、自行其是的共性特征。

（2）习以为常的习惯

习以为常的习惯，实质上是一种麻痹侥幸心理在作怪。违章指挥、违章作业、违反劳动纪律的“三违”行为，是这些违章作业人员的家常便饭，违章习惯了，认为没事；认为每天都这样操作，都没有出事，放松了对突发因素的警惕；对隐患麻痹大意，熟视无睹，不知道隐患后暗藏危机。

（3）安全责任心不强

一部分施工人员对生命的意义理解还没有达到根深蒂固的地步，没有深刻体会到事故会给所在家庭带来无法弥补的伤害，给企业造成巨大的损失，以及给社会带来不稳定、不和谐，不明白安全事关家庭责任、企业责任及社会责任。

7. 建筑施工企业安全责任不落实

安全生产责任制不落实，管理责任脱节，是安全工作落实不下去的主要原因。虽然企业建立了安全生产责任制，但是由于领导和部门对安全生产责任不落实，“开会时说起来重要，工作时做起来次要”的现象比较普遍，安全并没有真正引起广大员工的高度重视。发生事故以后，虽然对责任单位的处罚力度不断加大，但是对于相关责任人，与事故密切相关的生产、技术、器材、经营等相关责任部门的处罚力度不够，也直接导致责任制不能够有效落实。

安全管理手段单一，一些企业未建立职业安全健康管理体系，管理仍然是停留在过去的经验做法上。有些企业为了取得《安全生产许可证》，也建立了一些规章制度，但是建立的安全生产制度是从其他企业抄袭来的，不是用来管理，而是用来应付检查的，谈不上管理和责任落实。施工过程当中的安全会议，是项目安全管理的一个十分重要的组成部分。通过调研发现，目前施工项目有一小部分能够召开一周一次的安全会议，主要是讨论上周安全工作存在的问题以及下周的计划，一般不会超过一个小时，但是更多的项目并不召开专门的安全会议，而是纳入整个项目的项目会议。

8. 分包单位安全监管不到位

《建设工程安全生产管理条例》第二十四条要求：总承包单位依法将建设工程分包给其他单位的，分包合同中应当明确各自的安全生产方面的权利、义务。总承包单位和分包单位对分包工程的安全生产承担连带责任；分包单位应当服从总承包单位的安全生产管理，分包单位不服从管理导致生产安全事故的，由分包单位承担主要责任。

部分总包单位对专业分包或劳务分包队伍把关不严、安全培训教育不够重视、安全监督检查不严格，对分包队伍的安全管理工作疏于管理，也有相当一部分总包单位将工程进行分包以后来以包代管。多数专业分包单位是业主直接选择或行业主管部门指定的，都拥有较为特殊的背景，基本上我行我素，不服从总包的管理，总包也没有很好的控制手段来制约它们，加上这些专业分包单位对自身的安全管理不重视，安全管理体系不健全，现场安全管理处在失控状态，导致分包队伍承建工程安全隐患突出。

9. 安全教育培训严重不足

现场从业人员整体素质偏低，缺乏系统培训，是安全隐患产生的最大根源。现场作业人员大多是农民工，他们的安全意识淡薄，安全知识缺乏，自我保护能力比较低下，侥幸心理严重，很容易出现群体违章或习惯性违章情况，这是安全生产中最大的隐患。目前，绝大部分项目的新工人在进行之前的安全培训时间一般不会超过两个小时，一般是以老师傅带的形式来进行，不组织专门的安全培训，有近六成的农民工没有接受过正规的安全培训。

尽管企业的培训资料比较齐全，但是班组长和工人接受过正规培训的非常少，企业在培训方面多数倾向于做表面文章。另外，现场工人来源于劳务分包企业，总包企业和劳务分包企业直接签订分包合同，总包只进行入场安全教育，不直接负责工人的安全培训。直接用工单位劳务分包企业应负责对工人进行系统安全培训，但大多数劳务分包企业对工人根本不进行培训，从农村招工过来直接到工地，工人对安全生产认识不足，缺乏应有的安全技能，盲目操作，违章作业，冒险作业，自我防护意识较差，导致事故频发。

10. 建设单位对建筑工程安全管理法规执行不力

当前，建筑市场中一些建设单位为了获得更多利益而忽视建筑工程安全管理法规，严重违反了建筑工程安全管理规定，将建筑工程项目分解为多个小项目，分包给多家建筑施工单位。而且，建设单位还依靠权利逼迫建筑施工单位签订不公平的建筑工程合约。一些建设单位为了获得更大的经济利益，而将建设工程项目直接承包给没有建筑施工资格的建筑施工单位或个人。

此外，建设单位还经常存在拖欠建筑施工单位工程款的行为，以及拒付建筑施工单位安全管理费用等情况，建设单位由于工程款迟迟不能到位，建筑施工单位需要垫付巨大的工程施工资金款，而建筑施工单位由于受资金的限制，其能够投入建筑工程安全管理的资金更少，导致建筑工程施工单位的安全管理条件变得更差，从而使得建筑工程单位安全管理的水平更低。而且一些建设单位为了彰显业绩而大量压缩建筑工程施工单位的工期，其使用施工单位的本来紧凑的施工工期压得更紧，使得施工单位只能牺牲安全管理来赶施工进度。

11. 建筑安全管理机制不完善

现阶段，我国建筑业还没有真正形成有效、完善的安全管理机制，安全管理员配置存在严重不合理，体现在建筑安全管理员的安全意识较低、数量不够、权责不明确等，对建筑安全生产管理监管、防控不到位。另外，由于监管机制不健全，建筑必要的原材料、设备等不能够得到有效保证，在建筑工程施工过程中出现偷工减料现象，“豆腐渣”工程屡见不鲜，安全隐患的大幅滋生，导致了工程质量不合格，甚至造成建筑大型安全事故的发生。

12. 设备、原材料的隐患

由于缺乏严格、有效的建筑工程质量监管，导致了一系列安全隐患的产生。相关单位为了压缩设备、材料成本，在进行租赁采购相关机械设备、原材料时，会混入一些劣质的机械设备、原材料，甚至在不进行日常检查的情况下实施操作，一些老化的机械设备、施工技术得不到及时更新，安全生产隐患大大增加，建筑工程质量大打折扣。

13. 监督执法力度不足

目前，我们各地工程安全监督机构，监管能力与日益增长的工程建设规模不相适应，建筑施工安全监督管理也较为薄弱，监督人员远远不能够满足工程规模急剧增长的需要，而且现有的建筑安全监督资源的配置也亟待进一步提高。

监督人员的专业结构、技术层次“青黄不接”。真正能够胜任工作，又懂技术熟悉专业的人员较少；工程安全监督执法是接受政府部门的委托而开展工作的，国家有关部门取消了监督费的收取，部分地区监督机构在人员编制、参与改革等问题上没有得到落实，造成日常工作的经费不足，影响了安全监督机构的正常运转和生存。从监督执法检查的形式、内容以及手段上，不能有效地发挥安全监督执法的震慑力。

第三节　建筑工程项目安全管理优化

一、施工安全控制

（一）施工安全控制的特点

1. 控制面广

由于建筑工程规模较大，生产工艺比较复杂、工序多，在建造过程中流动作业多、高处作业多、作业位置多变、遇到的不确定因素多，安全控制工作涉及范围大、控制面广。

2. 控制的动态性

第一，由于建筑工程项目的单件性，使得每项工程所处的条件都会有所不同，所面临的危险因素和防范措施也会有所改变，员工在转移工地以后，熟悉一个新的工作环境需要一定的时间，有些工作制度和安全技术措施也会有所调整，员工同样也有一个熟悉的过程。

第二，建筑工程项目施工具有分散性。因为现场施工是分散于施工现场的各个部位，尽管有各种规章制度和安全技术交底的环节，但是在面对具体的生产环境的时候，仍然需要自己的判断和处理，有经验的人员还必须适应不断变化的情况。

3. 控制系统交叉性

建筑工程项目是一个开放系统，受自然环境和社会环境的影响很大，同时也会对社会和环境造成影响，安全控制需要把工程系统、环境系统及社会系统结合起来。

4. 控制的严谨性

由于建筑工程施工的危害因素较为复杂、风险程度高、伤亡事故多，所以预防控制措施必须严谨，如有疏漏就可能会失控，而酿成事故，造成损失和伤害。

（二）施工安全控制程序

施工安全控制程序，包括确定每项具体建筑工程项目的安全目标，编制建筑工程项目安全技术措施计划，安全技术措施计划的落实和实施，安全技术措施计划的验证、持续改进等。

（三）施工安全技术措施一般要求

1. 施工安全技术措施必须在工程开工前制订

施工安全技术措施是施工组织设计的重要组成部分，应当在工程开工以前与施工组织设计一同进行编制。为了保证各项安全设施的落实，在工程图样会审的时候，就应该特别注意考虑安全施工的问题，并在开工前制订好安全技术措施，使得有较充分的时间对用于该工程的各种安全设施进行采购、制作和维护等准备工作。

2. 施工安全技术措施要有全面性

根据有关法律法规的要求，在编制工程施工组织设计的时候，应当根据工程特点制订出相应的施工安全技术措施。对于大中型工程项目、结构复杂的重点工程，除了必须在施工组织设计中编制施工安全技术措施以外，还应编制专项工程施工安全技术措施，详细说明有关安全方面的防护要求和措施，确保单位工程或分部分项工程的施工安全。对爆破、拆除、起重吊装、水下、基坑支护和降水、土方开挖、脚手架、模板等危险性较大的作业，必须编制一个专项安全施工技术方案。

3. 施工安全技术措施要有针对性

施工安全技术措施是针对每项工程的特点制订的，编制安全技术措施的技术人员必须掌握工程概况、施工方法、施工环境、条件等一手资料，并熟悉安全法规、标准等，只有这样才能制订出有针对性的安全技术措施。

4. 施工安全技术措施应力求全面、具体、可靠

施工安全技术措施应该把可能出现的各种不安全因素考虑周全，制订的对策措施方案应力求全面、具体、可靠，这样才能真正做到预防事故的发生。但是，全面具体并不等于罗列一般通常的操作工艺、施工方法以及日常安全工作制度、安全纪律等。这些制度性规定，安全技术措施中不需要再做抄录，但必须严格执行。

5. 施工安全技术措施必须包括应急预案

由于施工安全技术措施是在相应的工程施工实施之前制订的，所涉及的施工条件和危险情况大都是建立在可预测的基础之上，而建筑工程施工过程是一个开放的过程，在施工期间的变化是经常发生的，还可能出现预测不到的突发事件或灾害（如地震、火灾、台风、洪水等）。所以，施工技术措施计划必须包括面对突发事件或紧急状态的各种应急设施、人员逃生和救援预案，以便在紧急情况下，能及时启动应急预案，减少损失，保护人员安全。

6. 施工安全技术措施要有可行性和可操作性

施工安全技术措施应能够在每个施工工序之中得到贯彻实施，既要考虑保证安全要求，又要考虑现场环境条件和施工技术条件能够做到。

二、施工安全检查

（一）安全检查内容

第一，查思想。检查企业领导和员工对安全生产方针的认识程度，建立健全安全生产管理和安全生产规章制度。

第二，查管理。主要检查安全生产管理是否有效，安全生产管理和规章制度是否真正得到落实。

第三，查隐患。主要检查生产作业现场是否符合安全生产要求，检查人员应深入到作业现场，检查工人的劳动条件、卫生设施、安全通道，零部件的存放、防护设施状况，电气设备、压力容器、化学用品的储存，粉尘及有毒有害作业部位点的达标情况，车间内的通风照明设施，个人劳动防护用品的使用是否符合规定等。要特别注意对一些要害部位和设备加强检查，如锅炉房、变电所以及各种剧毒、易燃、易爆等场所。

第四，查整改。主要检查对过去提出的安全问题和发生生产事故及安全隐患的地方是否采取了安全技术措施和安全管理措施，进行整改的效果如何。

第五，查事故处理。检查对伤亡事故是否及时报告，对责任人是否已经做出严肃处理。在安全检查中，必须成立一个适应安全检查工作需要的检查组，配备适当的人力、物力。检查结束后，应编写安全检查报告，说明已达标项目、未达标项目、存在问题、原因分析，做出纠正和预防措施的建议。

（二）施工安全生产规章制度的检查

为了实施安全生产管理制度，工程承包企业应当结合本身的实际情况，建立健全一整套本企业的安全生产规章制度，并且落实到具体的工程项目施工任务中。在安全检查的时候，应对企业的施工安全生产规章制度进行检查。施工安全生产规章制度一般应包括：安全生产奖励制度；安全值班制度；各种安全技术操作规程；危险作业管理审批制度；易燃、易爆、剧毒、放射性、腐蚀性等危险物品生产、储运使用的安全管理制度；防护物品的发放和使用制度；安全用电制度；加班加点审批制度；危险场所动火作业审批制度；防火、防爆、防雷、防静电制度；危险岗位巡回检查制度；安全标志管理制度。

三、建筑工程项目安全管理评价

（一）安全管理评价的意义

1. 开展安全管理评价有助于提高企业的安全生产效率

对于安全生产问题的新认识、新观念，表现在对事故的本质揭示以及规律认识上、对于安全本质的再认识和剖析上，所以，应该将安全生产基于危险分析和预测评价的基础上进行。安全管理评价是安全设计的主要依据，其能够找出生产过程中固有的或潜在的危险、有害因素及其产生危险、危害的主要条件与后果，并及时提出消除危险、有害因素的最佳技术、措施与方案。

开展安全管理评价，能够有效督促、引导建筑施工企业改进安全生产条件，建立健全安全生产保障体系，为建设单位安全生产管理的系统化、标准化以及科学化提供依据和条件。同时，安全管理评价也可以为安全生产综合管理部门实施监察、管理提供依据。开展安全管理评价能够变纵向单因素管理为横向综合管理，变静态管理为动态管理，变事故处理为事件分析与隐患管理，将事故扼杀于萌芽之前，总体上有助于提高建筑企业的安全生产效率。

2. 开展安全管理评价能预防、减少事故发生

安全管理评价是以实现项目安全为主要目的，应用安全系统工程的原理和方法，对工程系统当中存在的危险、有害因素进行识别和分析，判断工程系统发生事故和急性职业危害的可能性及其严重程度，提出安全对策建议，进而为整个项目制订出安全防范措施和管理决策提供科学依据。

安全评价与日常安全管理及安全监督监察工作有所不同，传统安全管理方法的特点是凭经验进行管理，大多为事故发生以后再进行处理。安全评价是从技术可能带来的负效益出发，分析、论证和评估由此产生的损失和伤害的可能性、影响范围、严重程度以及应采取的对策措施等。安全评价从本质上来讲是一种事前控制，是积极有效

的控制方式。安全评价的意义在于，通过安全评价，可以预先识别系统的危险性，分析生产经营单位的安全状况，全面的评价系统及各部分的危险程度和安全管理状况，可以有效地预防、减少事故发生，减少财产损失和人员伤亡或伤害。

（二）工程项目安全管理评价体系

1. 管理评价指标构建原则

（1）系统性原则

指标体系的建立，首先应该遵循的是系统性原则，从整体出发来全面考虑各种因素对安全管理的影响，以及导致安全事故发生的各种因素之间的相关性和目标性选取指标。同时，需要注意指标的数量及体系结构要尽可能系统全面地反映评价目标。

（2）相关性原则

指标在进行选取的时候，应该以建筑安全事故类型及成因分析为基础，忽略对安全影响较小的因素，从事故高发的类型当中选取高度相关的指标。这一原则可以从两方面进行判断：一是指标是否对现场人员的安全有影响；二是选择的指标如果出现问题，是否会影响项目的正常进行及影响的程度。所以，评价以前要有层次、有重点地选取指标，使指标体系既能反映安全管理的整体效果，又能体现安全管理的内在联系。

（3）科学性原则

评价指标的选取应该科学规范。这是指评价指标要有准确的内涵和外延，指标体系尽可能全面合理地反映评价对象的本质特征。此外，评分标准要科学规范，应参照现有的相关规范进行合理选择，使评价结果真实客观地反映出安全管理状态。

（4）客观真实性原则

评价指标的选取应该尽量客观，首先应当参考相关规范，这样也保证了指标有先进的科学理论做支撑。同时，结合经验丰富的专家意见进行修正，这样能够保证指标对施工现场安全管理的实用性。

（5）相对独立性原则

为了避免不同的指标间内容重叠，从而降低评价结果的准确性，相对独立性原则要求各评价指标间应保持相互独立，指标间不能有隶属关系。

2. 工程项目安全管理评价体系内容

（1）安全管理制度

建筑工程是一项复杂的系统工程，涉及业主、承包商、分包商、监理单位等关系主体，建筑工程项目安全管理工作需要从安全技术和管理上采取措施，才能确保安全生产的规章制度、操作章程的落实，降低事故的发生频率。

安全管理制度指标包括五个子指标：安全生产责任制度、安全生产保障制度、安全教育培训制度、安全检查制度和事故报告制度。

（2）资质、机构与人员管理

建筑工程在建设过程中，建筑企业的资质、分包商的资质、主要设备及原材料供应商的资质、从业人员资格等方面的管理不严，不但会影响到工程质量、进度，而且还容易引发建筑工程项目安全事故。

资质、机构与人员管理指标包括企业资质和从业人员资格、安全生产管理机构、分包单位资质和人员管理及供应单位管理这四个子指标。

（3）设备、设施管理

建筑工程项目施工现场涉及诸多大型复杂的机械设备和施工作业配备设施，由于施工现场场地和环境限制，对于设备、设施的堆放位置、布局规划、验收与日常维护不当容易导致建筑工程项目发生事故。

设备、设施管理指标包括设备安全管理、大型设备拆装安全管理、安全设施和防护管理、特种设备管理和安全检查测试工具管理这五个子指标。

（4）安全技术管理

通常来说，建筑工程项目主要事故有高处坠落、触电、物体打击、机械伤害、坍塌等。据统计，高处坠落、触电、物体打击、机械伤害、坍塌这五类事故占事故总数的 85% 以上。造成事故的安全技术原因主要有安全技术知识的缺乏、设备设施的操作不当、施工组织设计方案的失误、安全技术交底不彻底等。

安全技术管理指标包括六个子指标：危险源控制、施工组织设计方案、专项安全技术方案、安全技术交底、安全技术标准、规范和操作规程及安全设备和工艺的选用。

第十章　建筑工程项目风险管理与优化创新

第一节　建筑工程项目风险管理概述

一、风险

（一）风险的概念

风险一词代表发生危险的可能性或是进行有可能成功的行为。目前，大多数有风险的事件指的是有可能带来损失的危险事件，这些损失一般与某种自然现象和人类社会活动特征有关。

风险不仅是研究安全问题的前提，它通常还被看成不良影响客观存在的可能性，这种不良影响可能作用于个人、社会、自然，可能带来某种损失、使现状恶化、阻碍它们的正常发展（速度、形式等的发展）。技术类风险是一种状态，其基础是技术体系、工业或者交通设施，这种状态由技术原因引发，在危急情况时会以一种对人类和环境产生巨大反作用力的形式出现，或是在正常使用这些设施的过程中，以对人类或环境造成直接或间接损失的形式出现。

（二）建筑工程项目风险

《建设工程项目管理规范》中对项目风险的解释是："在企业经营和项目施工过程中存在大量的风险因素，如自然风险、政治风险、经济风险、技术风险、社会风险、国际风险、内部决策与管理风险等。风险具有客观存在性、不确定性、可预测性、结果双重性等特征。工程承包事业是一项风险事业，承包人和项目经理要面临一系列的风险，必须在风险面前做出决策。决策正确与否，与承包人对风险的判断和分析能力密切相关。"

建筑工程项目的一次性特征使其不确定性要比一般的经济活动大许多，也决定了其不具有重复性项目所具有的风险补偿机会，一旦出现问题则很难补救。项目多种多样，每一个项目都有各自的具体问题存在，但有些问题是很多项目所共有的。

建筑工程项目的不同阶段会有不同的风险，风险大多数会随着项目的进展而变化，不确定性会随之逐渐减少。最大的不确定性存在于项目的早期，早期阶段做出的决策对以后阶段和项目目标的实现影响最大。在各种项目风险中，进度拖延往往是费用超支、现金流出及其他损失的主要原因。

二、风险管理

（一）风险管理的概念

风险管理作为一门专门的科学管理技术是由西方国家首先提出的。作为一门新的管理科学，它既涉及一些数理观念，又涉及大量非数理的艺术观念。不同的学者有着不同的看法，但总的来说，风险管理能降低纯粹风险所带来的损失，是在风险发生之前的风险防范和风险发生之后的风险处置。

风险管理是指对组织运营中要面临的内部的、外部的可能危害组织利益的不确定性，采用各种方法进行预测、分析与衡量，制订并执行相应的控制措施，以获得组织利润最大化的过程。

从本质上来讲，风险管理是一种特殊的管理，也是一种管理职能，是在清楚自己企业的力量和弱点的基础上，对会影响企业的危险和机遇进行的管理。任何管理工作都是为实现某一特定目标而展开的，风险管理同样要围绕所要完成的目标进行。风险管理目标应该是在损失发生前保证经济利润的实现，在损失发生后有令人满意的复原。换个角度说就是，损失是不可避免的，风险就是这种损失的不确定性。就是要通过采取一些科学的方法、手段，将这种不确定的损失尽量转化为确定的、“合理”的损失。

（二）风险管理的过程

风险管理的过程一般由若干主要阶段组成，这些阶段之间不仅相互作用，而且相互影响。具体来说，风险管理的过程一般可以分为六个环节：风险管理规划、风险识别、风险估计、风险评价、风险应对、风险监控。

1. 风险管理规划

把风险事故的后果尽量限制在可接受的水平上，是风险管理规划和实施阶段的基本任务。整体风险只要未超过整体评价基准就可以接受。对于个别风险，则可接受的水平因风险而异。风险后果是否可被接受，主要从两个方面来考虑：即损失大小和为规避风险而采取的行动，如果风险后果很严重，但是规避行动不复杂，代价也不大，则此风险后果还是可被接受的。

风险规划是规划和设计风险管理活动的策略以及具体措施和手段。在制订风险管理规划之前，首先，要确定风险管理部门的组织结构、人员职责和风险管理范围。其次，主要考虑两个问题：第一，风险管理策略本身是否正确、可行；第二，风险管理实施管理策略的措施和手段是否符合总目标。

接下来是进入风险管理规划阶段，并把前面已经完成的工作归纳成一份风险管理规划文件。在制订风险管理计划时，应当避免用高层管理人员的愿望代替项目现有的实际能力。风险管理规划文件中应当包括项目风险形势估计、风险管理计划和风险规避计划。

2. 风险识别

风险识别就是企业管理人员就企业经营过程中对可能发生的风险进行感知、预测的过程。首先，风险识别应根据风险分类，全面观察事物发展过程，并从风险产生的原因入手，将引起风险的因素分解成简单的、容易识别的基本单元，找出影响预期目标实现的主要风险。风险识别的过程分三个步骤：确认不确定性的客观存在；建立风险清单；进行风险分析。

进行风险识别不仅要辨认所发现或推测的因素是否存在不确定性，而且还要确认此种不确定性是否是客观存在的。只有符合这两点的因素才可视为风险。将识别出的所有风险一一列举就建立了风险清单。建立的风险清单必须全面客观，特别是不能遗漏主要风险。然后，将风险清单中的风险因素再分类，使风险管理者更好地了解，在风险管理中更有目的性，为下一步做好准备。

3. 风险估计

风险估计是在风险规划和识别之后，通过对所有不确定和风险要素的充分、系统而又有条理的考虑，确定事件的各种风险发生的可能性以及发生之后的损失程度。风险估计主要是对以下几项内容的估计。

（1）风险事件发生的可能性大小。

（2）可能的结果范围和危害程度。

（3）预期发生的时间。

（4）风险因素所产生的风险事件发生概率的可能性。

在采取合理的风险处置之前，必须估计某项风险可能引起损失的影响。在取得致损事件发生的概率、损坏程度、保险费和其他成本资料的基础上，对风险做出合理的评估。

4. 风险评价

风险评价是针对风险估计的结果，应用各种风险评价技术来判定风险影响大小、危害程度高低的过程。风险评价的方法必须与使用这种方法的模型和环境相适应，没有一种方法可以适合于所有的风险分析过程。所以在分析某一风险问题时，应该具体问题具体分析。

在风险评价的过程中，可以通过各种方法得出各种备选方案。另外，风险评价是协助风险管理者管理风险的工具，并不能代替风险管理者的判断。所以风险管理者还要辩证地看待风险评价的结果。

风险评价过程中的一项重要工作就是风险预警。在对事件进行风险识别、分析和评估之后，就可得出事件风险发生的概率、风险的损失大小、风险的影响范围以及主要的风险因素，针对风险评价的结果与已有的决策者所能承受的或公认的安全指标、风险指标进行比较，如超过了决策者的忍受限度，则发出报警，提醒决策者尽快采取适当的风险控制措施，达到规避或降低风险的目的。

5. 风险应对

风险应对就是对风险事件提出处置意见和办法。通过对风险事件的识别、评估和分析，把风险发生的概率、损失严重程度以及其他因素进行综合考虑，就可得出事件发生风险的可能性及其危害程度，再与公认的安全指标相比较，就可确定事件的危险等级，从而决定应采取什么样的措施以及控制措施应采取到什么程度。

风险应对可以从改变风险后果的性质、风险发生的概率和风险后果大小三个方面提出以下多种风险规避与控制的策略，主要包括：风险回避、风险转移、风险预防、风险抑制、风险自留和风险应急。对不同的风险可采用不同的处置方法和策略，对同一个项目面临的各种风险，可综合运用各种策略进行处理。

6. 风险监控

风险监控就是通过对风险规划、识别、估计、评价，应对全过程的监视与控制，从而保证风险管理达到预期的目标，它是风险管理实施过程中的一项重要工作。

风险监控就是要跟踪可能变化的风险、识别剩余风险和新出现的风险，在必要时修改风险管理计划，保证风险管理计划的实施，并评估风险管理的效果。

在风险监控过程中及时发现那些新出现的以及随时间推延而发生变化的风险，然后及时进行反馈，并根据对事件的影响程度，重新进行风险规划、识别、估计、评价和应对。

三、建筑工程项目风险管理

（一）建筑工程项目风险类型

1. 政治风险

政治风险是指政治方面的各种事件和原因所带来的风险，主要包括战争、动乱、国际关系紧张、政策多变、政府管理部门的腐败和专制等。

2. 经济风险

经济风险主要指的是在经济领域中各种导致企业经营遭受厄运的风险，即在经济实力、经济形势及解决经济问题的能力等方面潜在的不确定因素构成经营方面的可能后果。有些经济风险是社会性的，对各个行业的企业都会产生影响，如经济危机和金融危机、通货膨胀或通货紧缩、汇率波动等；有些经济风险的影响范围限于建筑行业内的企业，如国家基本建设投资总量的变化、房地产市场的销售行情、建材和人工费的涨落；还有的经济风险，是伴随工程承包活动而产生的，仅影响具体施工企业，如业主的履约能力等。

3. 社会风险

社会风险是指由不断变化的道德信仰、价值观，人们的行为方式、社会结构的变化等社会因素产生的风险。社会风险影响面极广，它涉及各个领域、各个阶层和各个行业。建设项目所在地的宗教信仰、社会治安，公众对项目建设行动的认知程度和态度，工作人员的文化素质是造成社会风险的主要原因。

4. 工程风险

工程风险指的是一项工程在设计、施工与移交运行的各个阶段可能遭受的、影响项目系统目标实现的风险。工程风险主要由以下原因引起。

（1）自然风险

自然风险是指由于大自然的影响而造成的风险，主要原因有恶劣的天气情况、恶劣的现场条件、未曾预料到的工程水文地质条件、未曾预料到的一些不利地理条件、工程项目建设可能造成对自然环境的破坏、不良的运输条件可能造成供应的中断等。

（2）决策风险

决策风险主要是指在投资决策、总体方案确定、设计施工队伍的选择等方面，若决策出现偏差，将会对工程产生决定性的影响。

（3）组织与管理风险

组织风险是指由于项目有关各方关系不协调以及其他不确定性而引起的风险。管理风险是指项目管理人员的管理能力不强、经验不足、合同条款不清楚、不按照合同履约、工人素质低、劳动积极性低、管理机构不能充分发挥作用造成的风险。

（4）技术风险

技术风险是指伴随科学技术的发展而来的风险。一般表现在方案选择、工程设计及施工过程中，由于技术标准的选择、计算模型的选择、安全系数的确定等方面出现偏差而形成的风险。

（5）责任风险

责任风险是指由于项目管理人员的过失、疏忽、侥幸、恶意等不当行为造成财产损毁、人员伤亡的风险。

5. 法律风险

法律风险是指法律不健全，有法不依，执法不严，相关法律的内容频繁变化，法律对项目的干预，可能对相关法律未能全面、正确理解，工程中可能有触犯法律的行为等。

（二）建筑工程项目建设中对风险的应对处理

针对建筑工程项目的不同风险可以采取不同的应对措施，从而减少风险的发生，降低风险的损失后果，具体的措施主要从以下四个方面进行。

第一，是指风险的规避与预防，在对风险进行评估分析后，采取有效的措施避免风险的发生，制订具体的计划与措施规避风险的可能诱发条件，这种风险处理方式是为了杜绝任何风险的发生。

第二，是指有些风险是不可以完全避免的，只有在施工实施的过程中，采取一定的措施尽可能地减少风险所带来的后果，例如经济损失以及安全事故等。

第三，要进行风险的改变与转移，有时候风险不可避，但是与机会并存时，可以将风险转移到可以承担的机构中，降低风险造成的不可控性。

第四，如果建筑工程项目的风险程度比较小，带来的后果损失也比较小时，而且这些细小的风险处理会导致更大的经济损失，比如延长工期等，就不对其进行较大的处理，避免造成更大的损失。

（三）加强建筑工程项目风险管理的基本措施

加强对建筑工程项目风险管理的基本措施可以促进建筑工程建设的发展，主要的管理措施分为以下几点。

1. 加强建筑工程项目管理的设计规划阶段的风险

建筑工程项目管理的前期设计与规划阶段是控制与规避风险发生的重要阶段，在此，要综合各种风险出现的可能性，考虑到各种外在的风险以及内在的风险，加强对风险措施的可行性分析，确保建筑工程项目设计方案的合理。

2. 加强建筑工程项目招投标的风险管理措施

建筑工程项目招投标的管理过程是项目管理的重要内容，对这一阶段的风险管理可以有效地提高项目的经济效益，加强招投标风险管理的主要措施为：要在招投标之前进行基本的咨询与编制，确定建筑工程项目的实施工程量，从而合理地规划建筑工程项目实施施工的全部内容，要根据市场经济条件选择招投标的底价，规范招投标的规范管理，从而降低风险的发生。

3. 加强建筑工程项目实施施工过程中的风险管理

对建筑工程的施工过程进行风险管理措施的研究，及时监督管理，控制建筑工程的施工过程，把握好建筑工程的质量，重要的是要对建筑工程的施工过程加强非现场的管理，避免风险的发生。

4. 加强建筑工程项目竣工完成后的风险管理措施

在建筑工程项目竣工后，还要对其进行质量的验收，要加强对该阶段的风险管理，保证施工单位上交的资料与档案的科学、真实，保证工作流程规范化地进行，降低风险的产生。

第二节　建筑工程项目风险管理技术

一、建筑工程风险识别方法

（一）专家调查法

专家调查法又被分为几类，如专家个人判断法、德尔菲法、智暴法等。这些方法主要是通过各领域专家的专业理论以及利用丰富的实践经验，对潜在风险进行预测和分析，并估计其产生的后果。德尔菲法的应用，最早是在20世纪40年代末的美国兰德公司，此方法的使用程序大致为：首先，进行与项目相关的专家选定工作，并与这些专家建立直接的咨询关系，利用函询的方式实现对专家意见的收集，之后对这些意见进行整合，再向专家进行反馈，并再度进行意见征询。如此反复，直到各专家的意见大致一致，就参考最后意见进行风险识别。德尔菲法在各个领域都具有非常广泛的应用，通常情况下，该方法也有着理想的应用效果。

（二）故障树分析法

此方法又被称为分解法，其是通过对图解形式的利用，对大的故障进行分解，使其细化为不同的小故障，或者分析引起故障的各种原因。在经验较少的风险辨识当中，这一方法的应用非常广泛。通过不断分解投资风险，使项目管理人员可以更加全面地认识与了解投资风险因素，并基于此采取具有针对性的措施以加强对主要风险因素的管理。当然，这一方法也存在一定的不足，就是在大系统中的应用出现漏洞与失误的可能性较大。

（三）情景分析法

这一方法能够对引起风险的关键因素及其影响程度进行分析。其通过图表或者曲线等形式，对由于项目的影响因素发生变化而导致整个项目情况发生变化及其后果进行描述，以此为人们的比较研究提供便利。

（四）财务报表法

财务报表可以帮助企业确定可能遭受的损失，或是在特定的情况下会产生的损失。对资产负载表、现金的流量表等相关资料进行分析，这样可以了解目前资产存在的风险。然后将这些报表与财务报表等结合起来，这样就能够了解企业在未来的发展过程中将会遇到的风险。借助财务报表来识别风险，这就需要对报表里面的各项科目进行深刻的研究，并完成分析报告。这样不仅能够分析可能出现的风险，而且通过调查，还能够补充完整财务信息。因为工程的财务报表和企业的财务报告存在相似性，因此，需要借助财务报表的特点进行工程风险的识别。

（五）流程图法

流程图法是经营活动根据一定的顺序进行划分，最终组成一个流程图系列，在每一个模块当中都标注出潜在的威胁，这样可以为决策者提供一个相对的整体印象。在一般情况下，对于各阶段的划分较为容易，但是需要找出各个阶段中的风险因素或者事件。因为工程的各个阶段是确定的，所以关键问题是识别各个阶段的风险因素或事件。因为流程图存在篇幅的限制，使用这种方法得到的风险识别结果比较宽广。

（六）初始清单法

如果在对不同的工程进行风险识别的时候，需要从头做起，通常会存在以下三个方面的问题：一是时间和精力的花费大，但是识别的效率低；二是识别工作具有主观性，很有可能促发识别工作的随意性，导致识别解决不规范；三是识别工作的结果不能存储，这样就无法指导以后的风险识别工作。所以说，为了避免出现上面的缺陷，需要建立初步的风险清单。工程部门在建立初始清单的时候，具有如下两种路径。

一般情况下使用的是保险公司红字，其实是风险管理学会公布的损失纵观表，也就是企业可能发生的风险表。然后将这个当作基础，风险管理员工再结合工程正在面临的危险把损失具体化，这样就建立了风险一览表。

通过比较合适的分解方法建立工程的初始清单。对于那些比较复杂的工程项目，一般需要对它的单个工程进行分解，然后再对单位工程进行分解，这样就能够比较容易地知道在工程建设当中存在的主要风险。从初始清单的作用来看，对风险进行因素的分解是不够的，还需要对各种风险因素进行分解，把它们分解为风险事件。其实，初始的风险清单只是可以更好地了解到风险的存在，不会遗漏重要的工程风险，但这也不是最终的风险结论。在建立初始清单的时候，还需要结合具体的工程状况进行识别，这样就能够对清单进行补充和修正。所以说，需要参照相同工程建设的风险数据，或者进行风险调查。

（七）经验数据法

经验数据法又叫作资料统计法，也就是根据已经建立的工程风险资料来识别工程风险。不一样的风险管理都存在自己的经验数据与资料。在工程建设当中，具有工程经验数据的主体比较多，可以是承包商，也可以是项目的业主等。但是由于业主的角度不一样，信息的来源也会有所不同，所以刚开始的风险清单会存在差别。但是，工程建设风险是客观的事实，存在一定的规律，当存在足够的数据或者资料的时候，这种差距就会大大减小，还有对工程的风险识别是一种初步的二维定性方法。所以说，在数据基础上建立的风险清单，能够满足工程风险识别的需要。

二、建筑工程项目风险监控

（一）建筑工程项目投资风险监控

1. 建筑工程项目投资风险监控的地位

建筑工程投资风险监控，从过程的角度来看，处于建筑工程项目风险管理流程的末端，但这并不意味着项目风险控制的领域仅此而已。实际上，建筑工程项目投资风险监控是建筑工程项目投资风险管理的重要内容，一方面是对投资风险识别、分析和应对等投资风险管理的继续；另一方面通过投资风险监控采取的活动和获得的信息也对上述活动具有反馈作用，从而形成了一个建筑工程项目投资风险管理的动态过程。

正因如此，投资风险管理应该面向项目风险管理的全过程。它的任务是根据整个项目风险管理过程规定的衡量标准，全面跟踪并评价风险处理活动的执行情况。缺乏建筑工程项目投资风险监控的风险管理是不完整的风险管理。

2. 建筑工程项目投资风险监控的意义

建筑工程项目投资风险监控是建筑工程项目风险管理中必不可少的环节，在建筑工程项目投资风险监控中具有重要意义。

（1）有助于适应建筑风险投资情况的变化

风险的存在是由于不确定性造成的，即人们无法知道将来建筑工程项目发展的情况。但随着建筑工程项目的进展和时间的推移，这种不确定性逐渐变得清晰，原来分析处理的风险会随之发生变化。因此，对建筑工程项目投资风险需要随时进行监控，以掌握风险变化的情况，并根据风险变化情况决定如何对其进行处理。

（2）有助于检验已采用的风险处理措施

已采取的风险处理措施是否适当，需要通过风险监控对其进行客观的评价。若发现已采取的处理措施是正确的，则继续执行；若发现已采取的处理措施是错误的，则应尽早采取调整行动，以减少不必要的损失。

（3）适应新的风险，需要进行风险监控

采取风险处理措施后，建筑工程项目投资风险可能会留下残余风险或产生以前未识别出的新风险。对于这些风险，需要进行风险监控以掌握其发展变化情况，并根据风险发展变化情况决定是否采取风险处理措施。

（二）建筑工程项目风险监控体系建设

1. 建筑工程项目风险监控体系建设内容

建筑工程项目风险监控体系，是指以建筑企业内部监督资源（纪检、审计、内部监管）为依据，借助外部工程技术、工程造价力量，对工程廉政、程序、投资、质量、进度、安全以及工程量清单造价控制等方面进行监审把关，以监控作为手段，从工程项目监控的角度进行流程设计，实现了对工程项目风险的全过程、全方位、立体式监控。

2. 建筑工程项目风险监控体系建设环节

（1）建立监管机构，提供工程项目监管的组织保障

根据建筑行业施工及项目监管的需要，成立以企业负责人为领导的工程项目建设监督领导小组、下设办公室，办公室由内部纪检、内部审计、外聘技术、外聘造价四个监督小组组成。监督领导小组负责对各监督小组上报重大问题进行决策性研究、解决，对项目监督过程中出现的问题与工程建设各参与方进行协调。

（2）构建工程项目监控的机制保证

要严明纪律，加强对领导干部的监督监察，完善监督制度。以内部审计为出发点，强化审计监督。审计的职能就是要做好企业运行管控，坚持以内审为抓手，不断强化审计的监督职能，实现企业管理流程的规范。以内部监管为基础，强化流程控制。规范是各项工作的前提，监督是各项工作的保障，而建立长效机制、规范运作流程，全方位全过程加强企业内部监管，是保证企业健康持续发展的根本要求。

同时，企业对工程建设的项目决策阶段、规划设计阶段、招标阶段、合同签订阶段、施工阶段、竣工验收阶段、竣工审计阶段、项目运行阶段进行全方位监控，形成完整的工程项目风险监控体系。从工程建设流程全方位系统性地设置风险监控点，并进行细化和采用流程化程序进行规范。

三、建筑工程项目保险

（一）建筑工程项目保险的概念

1. 保险

保险本意是稳妥可靠保障，后延伸成一种保障机制，是用来规划人生财务的一种工具，是市场经济条件下风险管理的基本手段，是金融体系和社会保障体系的重要支柱。

保险是指投保人根据合同约定，向保险人支付保险费，保险人对于合同约定的可能发生的事故因其发生所造成的财产损失承担赔偿保险金责任，或者被保险人死亡、伤残、疾病或者达到合同约定的年龄、期限等条件时承担给付保险金责任的商业保险行为。

2. 建筑工程项目保险

建筑工程保险是以承保土木建筑为主体的工程，在整个建设期间，由于保险责任范围内的风险而造成保险工程项目的物质损失和列明费用损失的保险。

（二）建筑工程项目保险的特征

第一，承保风险的特殊性。建筑工程保险承保的保险标的大部分都裸露于风险中。同时，在建工程在施工过程中始终处于动态过程，各种风险因素错综复杂，风险程度增加。

第二，风险保障的综合性。建筑工程保险，既承保被保险人财产损失的风险，又承保被保险人的责任风险，还可以针对工程项目风险的具体情况，提供运输过程中、工地外储存过程中、保证期间等各类风险。

第三，被保险人的广泛性。包括业主、承包人、分承包人、技术顾问、设备供应商等其他关系方。

第四，费率的特殊性。建筑工程保险采用的是工期费率，而不是年度费率。

（三）建筑工程项目保险的作用

1. 具有防范风险的保障作用

建筑活动不同于其他工农业生产活动，建筑工程项目规模较大、建设周期长、投资量巨大，与人们的生命和财产息息相关，社会影响极其广泛，潜伏在整个建设过程中的危险因素更多，建筑企业和业主担负的风险更大。一方面，建筑工程受自然灾害的影响大；另一方面，随着生产的不断进步，新的机械设备、材料及施工方法也不断推陈出新，工程技术日趋复杂，从而加大了工程投资者承担的风险。加上设计、工艺等方面的技术风险和政策法律、资金筹集等方面的非技术风险随时可能发生。而建筑工程保险就是着眼于在建筑过程中可能发生的不利情况和意外，从若干方面消除或补偿遭遇风险造成的一项特殊措施。

建筑工程项目保险能对建筑工程质量事故处理给予及时、合理的赔偿，避免由于工程质量事故而导致企业倒闭。尽管这种对于风险后果的补偿只能弥补整个建筑工程项目损失的一部分，但在特定的情况下，能保证建筑企业和业主不致因风险发生导致破产，从而使其因风险给双方带来的损失降低到最低程度。

2. 有利于对建筑工程风险的监管

保险不是简单的收取保险费，也不是发生保险责任范围内的损失后赔偿的支付。在保险期内，保险管理机构要组织有关专家随着工程的进度对安全和质量进行检查，会因为利益关系而通过经济手段要求有关当事人进行有效的控制，以避免或减少事故，并提供合理的防灾防损意见，有利于防止或减少事故的发生。发生保险责任范围内的损失以后，保险机构会及时进行勘查，按工程实际损失给予补偿，为工程的尽快恢复创造条件。

3. 有利于降低处理事故纠纷的协调成本

建筑工程保险让可能发生事故的损失事先用合同的形式制订下来，事故处理就可以简单、规范，避免了无谓的纠纷，降低了事故处理本身的成本，参加保险对于投保人来讲，虽然将会为获得此种服务付出额外的一笔工程保费，但由此而提高了损失控制效率，使风险达到最小化。此外，工程施工期间发生事故是不可预测的，这些事故可能会导致业主与承包商之间或承包商与承包商之间对事故所造成的经济损失由谁承担而相互推脱。如果工程全部参加保险，工程的有关各方都是共同被保险人。只要是在保险责任范围内的约定损失，保险人均负责赔偿，无须相互追偿，从而减少纠纷，保证工程的顺利进行。

4. 有利于发挥中介机构的特殊作用，为市场提供良好的竞争环境

商业保险机制的确立，必然会引入更强的监督机制，保险公司在自身利益的引导下，必然会对建筑工程各方当事人实行有效监督，必然会对投保的建筑企业进行严格的审查，对一个保险公司不予投保的建筑企业，业主是不敢相信的，这就是中介机构在市场中发挥的特殊作用。

第三节　建筑工程项目风险评估控制

一、建筑工程项目风险评估

（一）风险评估

1. 风险评估的起源

国外风险评估技术起源较早，国外在风险评估方面的研究与应用相对成熟，风险评估最早起源于美国。

20 世纪 30 年代，美国保险协会开始从事风险评价（评估）。美国的保险行业收取的保险费用取决于所承担的风险大小，因此需要衡量风险程度，从而产生了风险评价。此为最早期的风险评估技术，并进而得到不同行业和不同国家的推广和应用。

20 世纪 70 年代末，我国引入了安全系统工程，同时进行了安全评价方法的研究，这是风险评估技术在我国的初步研究和应用阶段。

几十年来，国内外不同行业关于风险评估的术语有安全评价、风险评价、危险度评估和危险度评价等，“风险评估（risk assessment）”术语第一次出现于 1976 年美国环境保护署（EPA）颁布的“致癌物风险评估准则”，1983 年美国国家科学院发布的《联邦政府的风险评估管理》报告中对该术语进行了确认。此后，美国颁布了一系列风险评估相关的规范、准则，风险评估技术迅速发展，并在世界范围内广泛应用。

2. 风险评估的定义

风险评估是指在风险事件发生之前或之后（但还没有结束），该事件给人们的生活、生命、财产等各个方面造成的影响和损失的可能性进行量化评估的工作。即风险评估就是量化测评某一事件或事物带来的影响或损失的可能程度。

3. 风险评估的主要作用

（1）认识风险及其对目标的潜在影响。

（2）为决策者提供相关信息。

（3）增进对风险的理解，以利于风险应对策略的正确选择。

（4）识别那些导致风险的主要因素，以及系统和组织的薄弱环节。

（5）沟通风险和不确定性。

（6）有助于建立优先顺序。

（7）帮助确定风险是否可被接受。

（8）有助于通过事后调查来进行事故预防。

（9）选择风险应对的不同方式。

（10）满足监管要求。

4. 风险评估的基本步骤

风险评估是由风险识别、风险分析和风险评价构成的一个完整过程。不同的风险评估技术和方法的具体步骤略有差别，但均是围绕风险识别、风险分析和风险评价这3个基本步骤进行。

（1）风险识别

风险识别是发现、举例和描述风险要素（风险因子）的过程，包括风险源、风险事件及其原因和潜在后果的识别。其目的是确定可能影响系统或组织目标得以实现的事件或情况。

（2）风险分析

风险分析是要增进对风险的理解，为风险评价和决定风险是否需要应对以及最适当的应对策略和方法提供信息支持。风险分析需要考虑导致风险的原因和风险源、风险事件的后果及其发生的可能性、影响后果和可能性的因素、不同风险及其风险源的相互关系、风险的其他特性、是否存在控制措施及现有控制措施是否有效等。

（3）风险评价

风险评价包括将风险分析的结果与预先设定的风险准则相比较，或者在各种风险的分析结果之间进行比较，确定风险的等级。风险评价利用风险分析过程中获得的信息，考虑道德、法律和经济技术可行性等方面，对未来的行动进行决策。风险评价的结果应满足风险应对的需要，否则应进一步分析。

（二）建筑工程项目风险评估

1. 建筑工程项目风险评估的主要步骤

第一，建筑企业要针对工程概况收集相关数据，由于工程风险具有多层次性以及多样性，数据一定要保证真实、客观以及可靠；第二，通过构建风险分析模式，对收集的数据进行量化，进而对工程潜在的风险进行细致的评估；第三，通过风险分析模式能够帮助建筑企业对风险进行全面的评价，进而制订出科学的风险管控措施。

2. 建筑工程项目风险评估的主要方法

风险评估方法很多，建筑企业要根据工程类型的不同，科学选择评估方法。当前，我国主要采用的风险评估方法主要有模型分析法和知识分析法两种，其中知识分析法主要是建筑企业根据以往的施工经验，找出安全标准与安全状况所存在的差距；模型分析法主要是对收集的数据进行定量以及定性分析，进而对潜在的风险进行全面而系统的评估。

3. 建筑工程项目风险管控措施

（1）加强员工安全教育

在工程建设施工过程中，可能会遭遇各种恶劣的施工环境，针对这种情况，建筑企业一定要做好安全教育工作，对现有员工进行安全培训和安全宣传，保证所有员工按照既定操作规程进行施工，防止在恶劣天气下出现安全事故，进而对人身安全以及工程建设带来影响。同时，建筑企业还要加大安全管控，如果发现违规操作以及违规指挥等问题，要立即给予纠正，对于情节严重的行为，要追究相关人员的安全责任，并且给予一定的经济处罚。

（2）确保资金安全充足

建筑企业要针对汇率变动以及国家宏观调控等因素，确保资金安全充足，并且及时筹备资金，保证工程建设的有序以及顺利开展。同时，建筑企业还要针对恶劣天气制订出科学的应急预案，对财力、物力以及人力进行合理调配，缩短工程应对恶劣天气的时间，减少经济损失以及人员伤害。

（3）做好工程施工管理

首先，建筑企业要进一步优化施工组织，对设计图纸进行严格审核，对施工材料进行检查复核工作；其次，如果在施工过程中出现技术变更的情况，要立即与设计部门进行沟通和交流，并且对成本预算进行分析；最后，加强施工过程中的安全管理，贯彻防范在先、预防为主的管理原则，对危险地点以及高危岗位进行重点管理，进而确保施工人员的安全。

（4）构建风险管理体系

建筑企业要加强风险管理，要在组织施工之前开展调研工作，优化设计、合理布局，制订科学的施工方案以及成本预算，组建工程项目部，进一步完善工程管理机制。同时，建筑企业还要对可预见的风险进行有效评估和预测，做好风险应对预案以及具体措施，尽量消除以及预防风险。

二、建筑工程项目风险控制

（一）建筑工程项目风险控制概述

1. 建筑工程项目风险控制含义

风险控制就是采取一定的技术管理方法避免风险事件的发生或在风险事件发生后减小损失。当前，建筑施工中的安全事故时有发生，成本急剧增加，其原因主要在于施工单位盲目赶进度、降成本，没有注意规避风险，风险控制的目的就是尽可能地减小损失，在施工中一般采取事前预防和事后控制。

2. 建筑工程施工风险控制体系

施工风险控制有效地实施是建立在完备的施工控制体制之上的，建筑施工企业必须建立有效的动态风险管理体制，建筑企业要建立风险管理部门，利用阶段管理和系统规划，对施工的各个时期进行监督控制和决策。这主要应从以下几个方面入手。

（1）企业制度创新和建立风险控制秩序

企业的管理制度和组织形式的合理性是风险控制的基础，建筑施工企业必须建立灵活务实的制度形式。一般而言，施工风险的发生除了不可抗力之外，主要原因就是企业制度的不健全和工作秩序混乱造成的，表现在管理出现盲区，决策得不到执行，权力交叉，工作推诿，责任不明，秩序混乱。因此，有必要在公司的组织形式和管理制度上进行适合本企业的创新，以提高公司的活力。同时，建立明晰、井然的工作秩序，使决策得以顺利、有效地实施。

（2）在组织上建立以风险部门和风险经理为主体的监督机制

参照国外成熟的风险控制经验，在建筑工程项目施工过程中建立风险部门，并设立风险经理。其作用是对项目的潜在风险进行分析、控制和监督，并制订出相应的对策方案，为决策者提供决策依据。

（3）明确风险责任主体，加强目标管理

建筑工程项目风险管理的关键点，在于确立风险责任主体及相关的责任、权利和义务。有了明确的责任、权利和义务，工作的广度、宽度和深度就一目了然，易于监督和管理。

（4）确定最优资本结构

建筑企业资本结构，是指负债和权益及形成资产的比例关系，即相应的人、资金、材料、设备机械和施工技术方法的资本存在形式，确定最优的资本结构形式，利用财务杠杆和经营杠杆，对于获取最满意利润具有决定性的意义。

（二）建筑工程项目风险控制措施

1. 风险回避

风险回避主要是中断风险源，使其不致发生或遏制其发展。回避风险有时需要做出一些必要的牺牲，但是较之承担风险，这些牺牲与风险真正发生时可能造成的损失相比，要小得多，甚至微不足道，比如回避风险大的项目，选择风险小或适中的项目。因此，在项目决策时要注意放弃明显导致亏损的项目。对于风险超过自己承受能力、成功把握不大的项目，不参与投标、不参与合资。回避风险虽然是一种风险防范措施，但应该承认，这是一种消极的防范手段。因为回避风险固然能避免损失，但同时也失去了获利的机会。

2. 损失控制

损失控制是指要减少损失发生的机会或降低损失的严重性，使损失最小化。损失控制主要包括以下两方面的工作：

（1）预防损失

预防损失是指采取各种预防措施，以杜绝损失发生的可能。例如，房屋建造者通过改变建筑用料，以防止建筑物用料不当而倒塌；供应商通过扩大供应渠道，以避免货物滞销；承包商通过提高质量控制标准，以防止因质量不合格而返工和罚款；生产管理人员通过加强安全教育和强化安全措施，减少事故发生的机会等。在工程承包过程中，交易各方均将损失预防作为重要事项。业主要求承包商出具各种保函，就是为了防止承包商不履约或履约不力；而承包商要求在合同条款中赋予其索赔权利，也是为了防止业主违约或发生种种不测事件。

（2）减少损失

减少损失主要指的是在风险损失已经不可避免地发生的情况下，通过种种措施，以遏制损失继续恶化或限制其扩展范围，使其不再蔓延或扩展，也就是使损失局部化。例如，承包商在业主付款误期超过合同规定期限的情况下，采取停工或撤出队伍并提出索赔要求，甚至提起诉讼；业主在确信某承包商无力继续实施其委托的工程的时候，立即撤换承包商；在施工事故发生后采取紧急救护、安装火灾警报系统；投资者控制内部核算、制订种种资金运作方案等，都是为了达到减少损失的目的。控制损失应采取主动，以预防为主，防控结合。

3. 风险分离

风险分离是指将各风险单位分隔开，以避免发生连锁反应或互相牵连。这种处理可以将风险限制在一定范围之内，从而达到减少损失的目的。

风险分离常用于承包工程中的设备采购。为了尽量减少因汇率波动而造成的汇率风险，承包商可在若干不同的国家采购设备，采用多种货币付款。这样即使发生大幅度波动，也不致出现全面损失。

在施工过程中，承包商对材料进行分隔存放，也是一种风险分离的手段。因为分隔存放无疑分离了风险单位。各个风险单位不会具有同样的风险源，而且各自的风险源也不会互相影响。这样，就可避免因材料集中存放于一处时，可能遭受同样的损失。

4. 风险分散

风险分散与风险分离不同，后者是对风险单位进行分隔、限制并避免互相波及，从而发生连锁反应；而风险分散则是通过增加风险单位，以减轻总体风险的压力，达到共同分担集体风险的目的。

对一个工程项目而言，其风险有一定的范围，这些风险必须在项目参与者（如投资者、业主、项目管理者、各承包商、供应商等）之间进行分配。每个参与者都必须有一定的风险责任，这样才具有管理和控制的积极性和创造性。风险分配通常在任务书、责任书、合同文件中定义。在起草这些文件时，必须对风险做出预计、定义和分配。只有合理地分配风险，才能调动各方面的积极性，才能有项目的高效益。

5. 风险转移

风险转移是风险控制的另一种手段。在项目管理实践中，有些风险无法通过上述手段进行有效控制，项目管理者只好采取转移手段，以保护自己。风险转移并非损失转嫁，这种手段也不能被认为是一种损人利己、有损商业道德的行为。因为有许多风险确实对一些人可能会造成损失，但转移后并不一定给他人造成损失。其原因是各人的优劣势不一样，因而对风险的承受能力也不一样。

风险转移的手段，常用于工程承包中的分包、技术转让和财产出租。合同、技术或财产的所有人通过分包工程、转让技术或合同、出租设备或房屋等手段，将应由其自身全部承担的风险部分或全部转移至他人，从而可以减轻自身的风险压力。

第十一章　建筑工程项目信息管理与优化创新

第一节　建筑工程项目信息管理概述

一、信息管理

（一）信息管理定义

信息管理是人类综合采用技术的、经济的、政策的、法律的和人文的方法和手段以便对信息流（包括非正规信息流和正规信息流）进行控制，以提高信息利用效率，最大限度地实现以信息效用价值为目的的一种活动。

信息是事物的存在状态和运动属性的表现形式，一般经由两种方式从信息产生者向信息利用者传递。一种是由信息产生者直接流向信息利用者，称为非正规信息流；另一种是信息在信息系统的控制下流向信息利用者，称为正规信息流。

所谓信息管理，是指对人类社会信息活动的各种相关因素（主要是人、信息、技术和机构）进行科学的计划、组织、控制和协调，以实现信息资源的合理开发和有效利用的过程。它既包括微观上对信息内容的管理——信息的组织、检索、加工和服务等，又包括宏观上对信息机构和信息系统的管理。

通过制订完善的信息管理制度，采用现代化的信息技术，以保证信息系统有效运转的工作过程。信息管理既有静态管理，又有动态管理，但更重要的是动态管理。它不仅要保证信息资料的完整状态，还要保证信息系统在“信息输入—信息输出”的循环中正常运行。

信息管理是人类为了收集、处理和利用信息而进行的社会活动。它是科学技术的发展，社会环境的变迁，人类思想的进步所造成的必然结果和必然趋势。

（二）信息管理的基本过程

在实际生活中，每个人每时每刻都在不断地接收信息、加工信息和利用信息，都在和信息打交道。现代管理者在管理方式上的一个重要特征就是：他们很少同“具体的事情”打交道，更多的是同“事情的信息”打交道。管理系统规模越大，结构越复杂，对信息的渴求就越强烈。实际上，任何一个组织要形成统一的意志、统一的步调，各要素之间必须能够准确快速地相互传递信息。管理者对组织的有效控制，都必须依靠来自组织内外的各种信息。一切管理活动都离不开信息，一切有效的管理都离不开信息的管理。

信息管理是指在整个管理过程中，人们收集、加工和输入、输出的信息的总称。信息管理的过程主要包括信息收集、信息传输、信息加工和信息储存。

（1）信息收集就是指对原始信息的获取。

（2）信息传输是信息在时间和空间上的转移，因为信息只有及时准确地送到需要者的手中才能发挥作用。

（3）信息加工包括信息形式的变换和信息内容的处理。信息的形式变换是指在信息传输过程中，通过变换载体，使信息准确地传输给接收者。

（4）信息的内容处理是指对原始信息进行加工整理，深入揭示信息的内容。经过信息内容的处理，输入的信息才能变成所需要的信息，才能被适时有效地利用。信息送到使用者手中，有的并非使用完之后就无用了，而是还需留下作为事后的参考和保留，这就是信息储存。通过信息的储存可以从中揭示出规律性的东西，也可以重复使用。

（三）信息管理的职能

1. 计划职能

信息管理的计划职能，是围绕信息的生命周期和信息活动的整个管理过程。通过调查研究，预测未来，根据战略规划所确定的总体目标，分解出子目标和阶段任务，并规定实现这些目标的途径和方法，制订出各种信息管理计划，从而将已定的总体目标转化为全体组织成员在一定时期内的行动指南，指引组织未来的行动。信息管理计划包括信息资源计划和信息系统建设计划。

信息资源计划是信息管理的主计划，包括组织信息资源管理的战略规划和常规管理计划。信息资源管理的战略规划是组织信息管理的行动纲领，规定组织信息管理的目标、方法和原则；常规管理计划是指信息管理的日常计划，包括信息收集计划、信息加工计划、信息存储计划、信息利用计划和信息维护计划等，是对信息资源管理的战略规划的具体落实。信息系统是信息管理的重要方法和手段。

2. 组织职能

随着经济全球化、网络化、知识化的发展与网络通信技术、计算机信息处理技术的发展，对人类活动的组织产生了深刻的影响，信息活动的组织也随之发展。计算机网络及信息处理技术被应用于组织中的各项工作，使组织能更好地收集情报，更快地做出决策，增强了组织的适应能力和竞争力。从而使组织信息资源管理的规模日益增大，信息管理对组织更显重要，信息管理组织成为组织中的重要部门。信息管理部门不仅要承担信息系统组建、保障信息系统运行和对信息系统的维护更新，还要向信息资源使用者提供信息、技术支持和培训等。

综合起来，信息管理组织的职能包括信息系统研发与管理、信息系统运行维护与管理、信息资源管理与服务和提高信息管理组织的有效性四个方面。提高信息管理组织的有效性，即通过对信息管理组织的改进与变革，使信息管理组织实现高效率的信息系统的研究开发与应用、信息系统运行和维护、向信息资源使用者提供信息、技术支持和培训等服务；使信息管理组织以较低的成本满足组织利益相关者的要求，实现信息管理组织目标，成为适应环境变化、具有积极的组织文化、组织内部及其成员之间相互协调的、能够通过组织学习不断自我完善、与时俱进的组织。

3. 控制职能

信息管理的控制职能是指为了确保组织的信息管理目标以及为此而制订的信息管理计划能够顺利实现，信息管理者根据事先确定的标准或因发展需要而重新确定的标准，对信息工作进行衡量、测量和评价，并在出现偏差时进行纠正，以防止偏差继续发展或今后再度发生。或者，根据组织内外环境的变化和组织发展的需要，在信息管理计划的执行过程中，对原计划进行修订或制订新的计划，并调整信息管理工作的部署。也就是说，控制工作一般分为两类：一类是纠正实际工作，减小实际工作结果与原有计划及标准的偏差，保证计划的顺利实施；另一种是纠正组织已经确定的目标及计划，使之适应组织内外环境的变化，从而纠正实际工作结果与目标和计划的偏差。

信息管理的控制工作是每个信息管理者的职责。有些信息管理者常常忽略了这一点，认为实施控制主要是上层和中层管理者的职责，基层部门的控制就不大需要了。其实，各层管理者只是所负责的控制范围各不相同，但各个层次的管理者都负有执行计划实施控制之职责。因此，所有信息管理者包括基层管理者都必须担任实施控制工作这一重要职责，尤其是协调和监督组织各部门的信息工作，保证信息获取的质量和信息利用的程度。

4. 领导职能

信息管理的领导职能指的是信息管理领导者对组织内所有成员的信息行为进行指导或引导以及施加影响，使成员能够自觉自愿地为实现组织的信息管理目标而工作的过程。其主要作用，就是要使信息管理组织成员更有效、更协调地工作，发挥自己的潜力，从而实现信息管理组织的目标。信息管理的领导职能不是独立存在的，它贯穿信息管理的全过程，贯穿计划、组织和控制等职能之中。具体来说，信息管理的领导者职责包括：

（1）参与高层管理决策，为决策层提供解决全局性问题的信息和建议。

（2）负责制订组织信息政策和信息基础标准，使组织信息资源的开发和利用策略与管理策略保持高度一致；信息基础标准涉及信息分类标准、代码设计标准、数据库设计标准等。

（3）负责组织开发和管理信息系统，对于已经建立计算机信息系统的组织，信息管理领导者必须负责领导信息系统的维护、设备维修和管理等工作；对于未建立计算机信息系统的组织，信息管理领导者必须负责组织制订信息系统建设战略规划、决策外包开发还是自主开发信息系统、在组织内推广应用信息系统以及信息系统投运后的维护和管理等。

（4）负责协调和监督组织各部门的信息工作。

（5）负责收集、提供和管理组织的内部活动信息、外部相关信息和未来预测信息。

（四）信息管理的目标

信息管理的目标就是将信息资源与信息活动相关方（个人、组织、社会）联系起来，科学地管理信息资源，最大限度地满足信息用户的信息需求。具体来说，主要有以下几方面：

1. 开发信息资源，提供信息服务

在人类社会发展的历史长河中，人们不断认识自然、改造社会，形成了越来越深厚的信息“沉淀”。信息既不会自发形成资源，也不会自动地创造财富，更不能无条件地转移权利。没有组织或不加控制的信息不仅不是资源，还可能会构成一种严重的妨害。因此，信息真正成为资源的必要条件是有效的信息管理，即通过对信息的收集、整理、组织、分析等过程，将分散的、无序的信息加工为系统的、有序的信息流，并通过各种方式向人们提供信息服务，从而发挥信息的效用。只能经过组织管理的信息才能成为一种资源。没有信息管理，信息资源就不可能得到充分有效的开发利用。

2. 合理配置信息资源，满足社会信息需求

和任何资源一样，信息资源也存在着相对稀缺与分布不均衡等问题。由于信息资源一般分散在社会各领域和各部门，较难集中，信息资源拥有者的利益关系如果没有合理、有效的制度来加以协调，信息交流与资源共享就会遇到种种障碍。有许多因素导致信息资源拥有者易产生信息垄断倾向，而人们又往往要求自由、免费地获取信息。因此，信息管理就是要在信息资源拥有者、开发者、传播者和利用者之间寻找利益平衡点，建立公平合理的信息产品生产、分配、交换、消费机制，优化信息资源的体系结构，使各种信息资源都能得到最优分配与充分利用，从而最大限度地满足全社会的信息需求。

3. 推动信息产业、信息经济的发展，促进社会信息化水平的提高

随着信息技术的飞速发展和社会信息活动规模的不断扩大，社会信息现象越来越复杂，信息环境问题也越来越突出。为此，人们对信息管理提出了越来越高的要求，使得信息管理活动逐渐演化成一项独立的社会事业，成为信息产业、信息经济的一个重要组成部分。并且，作为信息产业和信息经济中最活跃、最主动的因素之一，信息管理在制订信息产业、信息经济的发展战略，贯彻实施信息产业、信息经济政策和相关法规，处理和调控信息产业、信息经济发展过程中出现的各种矛盾和问题等方面都将发挥越来越重要的作用。信息产业、信息经济的发展为社会信息化水平的持续提高奠定了坚实的基础。

二、建筑工程项目信息管理

（一）建筑工程项目信息

1. 建筑工程项目信息的范围

建筑工程项目信息包括在项目决策过程、实施过程（设计准备、设计、施工和物资采购过程等）和运行过程中产生的信息，以及其他与项目建设相关的信息。

2. 建筑工程项目信息的分类

建筑工程项目所涉及的信息类型广泛，专业多，信息量大，形式多样。建筑工程项目信息可以按照信息的单一属性进行分类，也可以按照两个或两个以上信息属性进行综合分类。

（1）单一信息属性分类

①按信息的内容属性，可以将工程项目信息分为组织类信息、管理类信息、经济类信息、技术类信息。

②按项目管理工作的对象分类，即按照项目的分解结构等进行信息分类。

③按项目建造的过程分类，包括项目策划信息、立项信息、设计准备信息、勘察设计信息、招投标信息、施工信息、竣工验收信息、交付使用信息、运营信息等。

④按项目管理职能划分，可以分为进度控制信息、质量控制信息、投资控制信息、安全控制信息、合同管理信息、行政事务信息等。

⑤按照工程项目信息来源划分，可以分为工程项目内部信息和工程项目外部信息。

⑥从工程信息的来源看，可以将信息分为业主信息、设计单位信息、施工单位信息、咨询单位信息、监理单位信息、政府信息等。

⑦从工程项目信息的形式来看，可以将工程项目信息分为数字类信息、文本类信息、报表类信息、图像类信息、声像类信息等。

（2）多属性综合分类

为了满足项目管理工作的要求，须对工程项目的信息进行多维组合分类，即将多种分类进行组合，形成综合分类，如下：

第一维：按项目的分解结构分类。

第二维：按项目建造过程分类。

第三维：按项目管理工作的任务分类。

（二）建筑工程项目信息管理

1. 建筑工程项目信息管理概念

建筑工程项目信息管理主要是指对有关建筑工程项目的各类信息的收集、储存、加工整理、传递与使用等一系列工作的合理组织和控制。

因此，建筑工程项目信息管理反映了在建筑工程项目决策和实施过程中组织内、外部联系的各种情报和知识。

2. 建筑工程项目信息管理的原则

为了便于信息的搜集、处理、储存、传递和利用，在进行建筑工程项目信息管理具体工作时，应遵循以下基本原则：

（1）系统性原则

建筑工程项目管理信息化是一项系统工程，是对建筑工程项目管理理念、方法和手段的深刻变革，而不是对工程管理相关软件的简单应用。建筑工程项目信息管理的成功与否，受项目的组织、系统的适用性、业主或业主的上级组织的推广力度等方面的因素影响。因此，应将实施建筑工程项目管理信息化上升到战略性的高度，并有目标、有规划、有步骤地进行。

（2）标准化原则

在建筑工程项目的实施过程中，建立健全的信息管理制度，不仅能从组织上保证信息生产过程的效率，还能对有关建筑工程项目信息的分类进行统一，对信息流程进行规范，将工程报表格式化和标准化。

（3）定量化原则

建筑工程项目信息是经过信息处理人员采用定量技术进行比较和分析的结果，并不是项目实施建造过程中产生数据的简单记录。

（4）有效性原则

由于建筑工程项目管理者所处的层次不同，所需要的项目管理信息不同，因此需要针对不同的管理层提供不同要求和浓缩程度的信息。

（5）可预见性原则

建筑工程项目产生的信息作为项目实施的历史数据，可以用来预测未来的情况，通过先进的方法和工具为决策者制订未来目标和规划。

（6）高效处理原则

通过采用先进的信息处理工具，尽量缩短信息在处理过程中的延迟，而项目信息管理者的主要精力应放在对处理结果的分析和控制措施的制订上。

3. 建筑工程项目信息管理的基本要求

为了全面、及时、准确地向项目管理人员提供相关信息，建筑工程项目信息管理应满足以下几方面的基本要求：

（1）时效性

建筑工程项目信息如果不严格注意时间，那么信息的价值就会随之消失。因此，要严格保证信息的时效性，并从以下四方面进行解决：

①迅速且有效地收集和传递工程项目信息。

②快速处理“口径不一、参差不齐”的工程项目信息。

③在较短的时间内将各项信息加工整理成符合目的和要求的信息。

④采用更多的自动化处理仪器和手段，自动获取工程项目信息。

（2）针对性和实用性

根据建筑工程项目的需要，提供针对性强、适用的信息，供项目管理者进行快速有效的决策。因此，应采取如下措施加强信息的针对性和适用性：

①对搜集的大量庞杂信息，运用数理统计等方法进行统计分析，找出影响重大的因素，并力求给予定性和定量的描述。

②将过去和现在、内部和外部、计划与实施等进行对比分析，从而判断当前的情况和发展趋势。

③获取适当的预测和决策支持信息，使之更好地为管理决策服务。

（3）准确可靠

建筑工程项目信息应满足工程项目管理人员的使用要求，必须反映实际情况，并且准确可靠。工程项目信息准确可靠体现在以下两个方面：

①各种工程文件、报表、报告要实事求是，反映客观现实。

②各种计划、指令、决策要以实际情况为基础。

（4）简明、便于理解

建筑工程项目信息要让使用者易于了解情况，分析问题。所以，信息的表达形式应符合人们日常接收信息的习惯，而且对于不同的人，应有不同的表达形式。例如，对于不懂专业、不懂项目管理的业主，需要采用更加直观明了的表达形式，如模型、表格、图形、文字描述等。

第二节　建筑工程项目信息管理内容

一、建筑工程项目信息管理的主要内容

建筑工程项目信息管理的内容包括建立信息的分类编码系统、明确信息流程和进行信息处理。

（一）信息分类编码

1. 信息分类编码概念

在信息分类的基础上，可以对项目信息进行编码。信息编码是将事物或概念（编码对象）转变成一定规律性的、易于计算机和人识别与处理的符号。它具有标识、分类、排序等基本功能。项目信息编码是项目信息分类体系的体现。

2. 建筑工程信息编码的基本原则

（1）唯一性

虽然一个编码对象可有多个名称，也可按不同方式进行描述。但是，在一个分类编码标准中，每个编码对象仅有一个代码，每一个代码唯一表示一个编码对象。

（2）合理性

项目信息编码结构应与项目信息分类体系相适应。

（3）可扩充性

项目信息编码必须留有适当的后备容量，以便适应不断扩充的需要。

（4）简单性

项目信息编码结构应尽量简单，长度尽量短，以提高信息处理的效率。

（5）适用性

项目信息编码应能反映项目信息对象的特点，便于记忆和使用。

（6）规范性

在同一项目的信息编码标准中，代码的类型、结构及编写格式都必须统一。

（二）明确建筑工程项目信息流程

信息流程反映了工程项目上各有关单位及人员之间的关系。显然，信息流程畅通，将给工程项目信息管理工作带来很大的方便和好处。相反，信息流程混乱，信息管理工作是无法进行的。为了保证工程项目管理工作的顺利进行，必须使信息在施工管理的上下级之间、有关单位之间和外部环境之间流动，这称为"信息流"。信息流不是信息，而是信息流通的渠道。在施工项目管理中，通常接触到的信息流有以下几个方面：

1. 管理系统的纵向信息流

包括由上层下达到基层，或由基层反映到上层的各种信息，既可以是命令、指示、通知等，也可以是报表、原始记录数据、统计资料和情况报告等。

2. 管理系统的横向信息流

包括同一层次、各工作部门之间的信息关系。有了横向信息，各部门之间就能做到分工协作，共同完成目标。许多事例表明，在建筑工程项目管理中往往会由于横向信息不通畅而造成进度拖延。例如，材料供应部门不了解工程部门的安排，造成供应工作与施工需要脱节。因此加强横向信息交流十分重要。

3. 外部系统的信息流

外部系统的信息流包括同建筑工程项目上其他有关单位及外部环境之间的信息关系。

上述三种信息流都应有明晰的流线，并都要保持畅通。否则，建筑工程项目管理人员将无法得到必要的信息，就会失去控制的基础、决策的依据和协调的媒介。

（三）建筑工程项目管理中的信息处理

在工程项目实施过程中，所发生并经过收集和整理的信息、资料的内容和数量相当多，如果随时需要使用其中的某些资料，为了便于管理和使用，就必须对所收集到的信息、资料进行处理。

1. 信息处理的要求

要使信息能有效地发挥作用，在处理过程中必须及时、准确、适用、经济。

（1）及时

及时就是信息的处理速度要快，要能够及时处理完对施工项目进行动态管理所需要的大量信息。

（2）准确

准确就是在信息处理的过程中，必须做到去伪存真，使经处理后的信息能客观、如实地反映实际情况。

（3）适用

适用就是经处理后的信息必须能满足施工项目管理工作的实际需要。

（4）经济

经济就是指信息处理采取什么样的方式，才能达到取得最大的经济效果的目的。

2. 信息处理的基本环节

信息的处理一般包括信息的收集、传递、加工、分发、检索和存储六个基本环节。

（1）收集

收集就是收集工程项目上与管理有关的各种原始信息。这是一项很重要的基础工作，信息处理的质量好坏，在很大程度上取决于原始数据的全面性和可靠性。因此，建立一套完善的信息收集制度是极其必要的。一般而言，信息收集制度中应包括信息来源、要收集的信息内容、标准、时间要求、传递途径、反馈的范围、责任人员的工作职责、工作程序等有关内容。

（2）加工

加工就是把工程建设得到的数据和信息进行鉴别、选择、核对、合并排序、更新、计算、汇总、转储，以生成满足不同需要的数据和信息，给各类管理人员使用。

（3）传递

传递就是指信息借助于一定的载体（如纸张、胶片、磁带、软盘、光盘、计算机网络等），在参与建筑工程项目管理工作的各部门、各单位之间进行传播。通过传递，形成各种信息流，畅通的信息流会不断地将有关信息传送到项目管理人员的手中，成为他们开展工作的依据。

（4）存储

存储是指对处理后的信息的存储。处理后的信息，有的并非立即使用，有的虽然立即使用，但日后还需使用或做参考。因此就需要将它们存储起来，建立档案，妥为保管。

信息的存储一般需要建立统一的数据库，各类数据以文件的形式组织在一起，组织的方法一般由单位自定，但要考虑规范化。

（5）信息的分发和检索

在对收集的数据进行分类、加工处理、产生信息后，要及时提供给需要使用数据和信息的部门，信息和数据的分发要根据需要来分发，信息和数据的检索则要建立必要的分级管理制度，一般由使用软件来保证实现数据和信息的分发、检索，关键是要决定分发和检索的原则。

分发和检索的原则是：需要的部门和使用人，有权在需要的第一时间，方便地得到所需要的、以规定形式提供的一切信息和数据，并保证不向不该知道的部门（人）提供任何信息和数据。

二、建筑工程项目信息管理的流程

一般情况下，项目信息的处理程序可分为三个阶段，也就是建筑工程项目施工之前、建筑工程项目施工期间以及完工后的档案建立。不同阶段，建筑工程项目信息管理的内容并不完全相同。具体来说，不同阶段的内容主要包括以下几个方面：

（一）建筑工程项目施工前

在该阶段，项目施工管理人员会将诸如建筑设计、结构设计等诸多内容转换为施工信息。换句话说，在该阶段，设计单位会将建筑施工设计的相关资料交给承包商，如资料包括工程图文件等。如果单纯地拿到工程图文件，建筑施工人员是难以将工程建设出来的，所以，承包商必须在工程建设之前也就是施工前将所有的图纸转变为数据，以此来满足工程建设人员的施工需求。

（二）建筑工程项目施工期间

该阶段的信息管理工作涵盖范围非常广泛，包括实现设计单位和承包商之间的信息传递，以及对建筑工程项目执行情况的记录。建筑工程项目信息管理在该阶段的主要任务就是为管理者的工程项目管理提供必要的数据支持，这样做，能够使管理者更好地实现质量控制、成本控制、进度控制，保障建设工程项目的顺利开展。

（三）完工后的建档阶段

该阶段的信息管理主要是为了给业主后续设施营运与维护提供必要的依据，这样做能够有效提高建设工程项目的生产绩效。如果深入的挖掘该阶段的信息主要来源，不难发现原有的工程图文件以及合约文件才是信息的主要来源。由此可见，信息的内容应当以工程图文件以及合约文件的内容为主。

在建筑工程项目的实施过程中，管理人员除了要处理原始设计图文件以及合约文件外，还要着重注意以满足建筑施工需求为主要目的，为其提供必要的图文数据，并在此基础上参与团队之间的信息交换以及信息传递，从而保障建筑工程项目的顺利完成。

第三节　建筑工程项目管理信息系统

一、信息管理系统

（一）信息管理系统概念

1. 信息管理系统的定义

信息管理系统是一个由人、计算机及其他外围设备等组成的能进行信息的收集、传递、存储、加工、维护和使用的系统。

它是一门新兴的学科，其主要任务是最大限度地利用现代计算机及网络通信技术加强企业的信息管理，通过对企业拥有的人力、物力、财力、设备、技术等资源的调查与了解，建立正确的数据，加工处理并编制成各种信息资料及时提供给管理人员，以便进行正确的决策，不断提高企业的管理水平和经济效益。企业的计算机网络已成为企业进行技术改造及提高企业管理水平的重要手段。

2. 信息管理系统的内容

一个完整的信息管理系统应包括：辅助决策系统（DSS）、工业控制系统（CCS）、办公自动化系统（OA）以及数据库、模型库、方法库、知识库和与上级机关及外界交换信息的接口。其中，特别是办公自动化系统（OA）、与上级机关及外界交换信息等都离不开 Intranet（企业内部网）的应用。可以这样说，现代企业 MIS 不能没有 Intranet，但 Intranet 的建立又必须依赖于 MIS 的体系结构和软、硬件环境。

传统的信息管理系统的核心是 CS（Client/Server——客户端 / 服务器）架构，而基于 Internet 的 MIS 系统的核心是 BS（Browser/Server——浏览器 / 服务器）架构。BS 架构比起CS架构有着很大的优越性，CS架构传统的信息系统依赖于专门的操作环境，这意味着操作者的活动空间受到极大限制；而BS架构则不需要专门的操作环境，在任何地方，只要能上网，就能够操作信息系统，这其中的优劣差别是不言而喻的。

（二）信息管理系统的结构

信息管理系统的结构是指信息管理系统内部各组成要素之间相对稳定的分布状态、排列顺序和作用方式。它既可以是逻辑结构，也可以是物理结构。

1. 信息管理系统的逻辑结构

从信息资源管理的观点出发，信息管理系统的逻辑结构一般由信息源、信息处理器、信息使用者和信息管理者四大部分构成。

信息源泛指各类原始数据，是信息管理系统的基本收集对象；信息处理器承担着信息的加工、存储、检索和传输等任务；信息使用者是信息管理系统服务的对象，他利用信息管理系统提供的信息进行决策和选择；信息管理者负责信息管理系统的设计实现，在实现以后，负责信息管理系统的运行和协调。

2. 信息管理系统的物理结构

（1）基础部分

基础部分由组织制度、信息存储、硬件系统、软件系统组成。由于信息管理系统是人机系统，因此必须有合理的组织机构、人员分工、管理方法和规章制度等一套管理机制。此外，则是由计算机系统作为强大的技术支持，包括硬件、软件和大量数据的存储。

（2）功能部分

功能部分是针对组织的各项业务而建立的信息处理系统。对企业而言，它可能包括质量、产品销售、经营管理、生产管理、财务会计等方面。

（三）信息管理系统的功能

信息管理系统一般都具有数据输入、存储、处理和信息的输出功能。这些功能一般由计算机完成，有一部分由人工完成。

1. 数据的收集和输入的功能

信息管理系统的输入功能取决于系统所要达到的目标、系统的能力和信息环境的许可。将分散在各处的数据收集记录下来，按信息管理系统要求的格式和形式进行整理，把数据录入在一定的介质（如纸张、卡片、磁带、软盘等）中并经校验后，即可输入信息管理系统进行处理。在实时处理中，可以通过数据收集器、光笔阅读器和键盘，将随时发生的数据及时地输入。但在多数情况下，数据的收集和整理工作由人工来承担。信息管理系统的输入还应具有不断适应信息环境变化的特点，即它所收集的数据的载体、内容、数量、时限以及收集的方法、速度都应与其所属的组织的目标、需求、人力、财力和技术条件密切相关。

2. 数据的处理功能

对收集输入的大量数据资料，需要及时进行加工处理，才能提供利用。信息管理系统对数据资料的处理主要是通过分类、标引、排序、合并、计算使数据有序化和浓缩化，使之成为信息、知识和情报，存入相应的文档中，以便在需要时向用户提供。为了减少不必要的劳动，提高工作效率，信息管理系统一般是将分散的处理业务，集中统一进行。传统的数据处理方式以手工为主，但在今天已经难以满足实际应用的需要。随着人工智能和专家系统技术的发展，一些功能很强的数据处理软件系统已经研制成功，并投入实际应用。信息处理过程的自动化大大提高了信息管理系统对数据的处理能力和效果。

3. 数据的传输功能

数据的传输功能实际上就是数据通信。包括在信息管理系统内部和外部的数据传输，是信息管理系统处理和存储数据、信息的需要。这一功能的实现主要是以计算机为中心，通过通信线路与近程终端或远程终端进行连接，形成网络或联机系统。或者，通过通信线路将中、小、微型机联网，形成分布式系统或网络。在信息管理系统中存储着大量的人工数据、资料传输过程，这些数据、资料以各种文献、单据、报表、计划等形式进行传递。

现代互联网的发展给数据、信息的传输带来了极大的方便。进入网络的各种不同系统之间、不同机构之间都可以方便地进行数据传输。有时，也采用软盘片作为数据资料传输的中间形式。当各子系统之间，或具有隶属关系的上下级之间，具有合作关系的各机构之间还未联网时，常常在统一机型及统一数据输入、记录格式的前提下，采用软盘片传输所需要的数据资料。数据传输也包括数据的输入和输出，但它只是信息管理系统处理过程的中间环节，而不是提供给用户利用。

4. 数据和信息的存储功能

信息管理系统的存储功能既包括数据存储也包括信息存储。当原始数据和资料输入信息系统后，需要将其存储起来，以便多次使用，并在多个处理环节和过程中实现数据资料共享。数据经过加工整理或成为信息之后，更需要将其存储在适当的内外存储器上，以便在用户需要时提供利用。信息系统的存储功能既与输入直接相关又与输出密切相关，前者决定系统存储什么样的数据，存储多少；后者决定系统应当存储什么样的信息才能满足用户需求。

5. 信息的输出功能

输入信息管理系统的数据经过加工处理后存储起来，可根据不同的需要，以不同的形式和格式输出以提供利用。信息管理系统的输出有中间输出和最终输出，前者指输出的信息或数据供计算机和其他系统进一步处理，后者则直接面向用户。信息管理系统对外界的影响和产生的效益，还有用户对信息管理系统的满意程度，都是通过输出的信息来体现的，因而信息管理系统的输出功能十分重要。信息管理系统的输出功能、处理功能、传输功能、存储功能都是根据输出功能来确定并进行调整的。

6. 信息管理系统的控制功能

为了保证信息管理系统的各项功能连续、均匀地进行，并有效发挥作用，系统还必须具有控制功能。信息管理系统的控制功能体现在两个方面：

（1）对构成系统的各种信息处理设备，如计算机、通信网、人员等进行控制和管理。

（2）对整个信息加工、处理、传输、输出等环节通过各种程序进行控制。

信息管理系统的控制过程是多变量、多因素、复杂的动态过程。为了实现有效控制，必须时刻掌握系统预期要达到的状态和实际状态，不断使实际状态与程序规定的状态保持一致。为此，必须不断根据反馈的信息进行调整。通过控制功能的作用，使信息系统的输入、处理、传输、存储、输出等各项功能最佳化，从而使整个信息系统运行最佳化。

（四）信息管理系统的一般类型

1. 办公自动化系统

提供有效的方式处理个人和组织的业务数据，进行计算并生成文件。

2. 通信系统

帮助人们协同工作，以多种不同形式交流并共享信息。

3. 交易处理系统

收集和存储交易信息并对交易过程的一些方面进行控制。

4. 管理信息系统和执行信息系统

将 TPS 数据转换成信息以监控绩效和管理组织，以可接收的形式向执行者提供信息。

5. 决策支持系统

通过提供信息、模型和分析工具来帮助管理者制订决策。

6. 企业系统

产生并维持一致的数据处理方法以及跨多种企业职能的集成数据库。

（五）信息管理系统的意义与应用

随着我国与世界信息高速公路的接轨，企业通过计算机网络获得的信息必将为企业带来巨大的经济效益和社会效益。企业的办公及管理都将朝着高效、快速、无纸化的方向发展。MIS 系统通常用于系统决策，例如，可以利用 MIS 系统找出目前迫切需要解决的问题，并将信息及时反馈给上层管理人员，使他们了解当前工作发展的进展或不足。换句话说，MIS 系统的最终目的是使管理人员及时了解单位现状，把握将来的发展路径。

二、建筑工程项目管理信息系统

（一）建筑工程项目信息系统内容

1. 建立信息代码系统

信息是工程建设三大监控目标实现的基础；是监理决策的依据；是各方单位之间关系连接的纽带；是监理工程师做好协调组织工作的重要媒介。把各类信息按信息管理的要求分门别类，并赋予能反映其主要特征的代码，代码应该符合唯一化、规范化、系统化、标准化的要求，方便施工信息的存储、检索和使用，以便利用计算机进行管理。代码体系结构应易于理解和掌握，科学合理、结构清晰、层次分明、易于扩充，能够满足建筑工程项目管理需要。

2. 明确建筑工程项目管理中的信息流程

根据建筑工程项目管理工作的要求和对项目组织结构、业务功能及流程的分析，建立各单位及人员之间、上下级之间、内外之间的信息连接，并且保持纵横内外信息流动的渠道畅通有序，否则建筑工程项目管理人员将无法及时得到必要的信息，就会失去控制的基础、决策的依据和协调的媒介，将影响工程项目管理工作顺利进行。

3. 建立建筑工程项目管理中的信息收集制度

建筑工程项目信息管理应适应项目管理的需要，为预测未来和正确决策提供依据，提高管理水平。相关工作部门应负责收集、整理、管理项目范围内的信息，并将信息准确、完整地传递给使用单位和人员。实行总分包的项目，项目分包人应负责分包范围的信息收集整理，承包人负责汇总、整理各分包人的全部信息。经签字确认的项目信息应及时存入计算机。项目信息管理系统必须目录完整、层次清晰、结构严密、表格自动生成。

4. 建立建筑工程项目管理中的信息处理

信息处理的过程，主要包括信息的获取、储存、加工、发布和表示。

（二）建筑项目信息系统结构的基本要求

第一，进行项目信息管理体系的设计时，应该同时考虑项目组织和项目启动的需要，如信息的准备、收集、编目、分类、整理和归档等。信息应当包括事件发生时的条件，搜集内容应包括必要的录像、摄影、音响等信息资料，重要部分刻盘保存，以便使用前核查其有效性、真实性、可靠性、准确性和完整性。

第二，项目信息管理系统应该确保目录完整、层次清晰、结构严密、表格自动生成。

第三，项目信息管理系统应方便项目信息输入、整理与存储，并利于用户随时提取信息、调整数据、表格与文档，能灵活补充、修改与删除数据。

第四，项目信息管理系统应能使各种施工项目信息有良好的接口，系统内含信息种类与数量应能满足项目管理的全部需要。

第五，项目信息管理系统应能连接项目经理部、内部各职能部门之间以及项目经理部与各职能部门、作业层、企业各职能部门、企业法定代表人、发包人和分包人、监理机构等，通过建立企业内部的信息库和网络平台，各项目监理机构之间通过网络平台确保信息畅通、资源共享。

信息是工程建设三大监控目标实现的基础；是监理决策的依据；是各方单位之间关系的纽带；是监理工程师做好协调组织工作的重要媒介。信息管理是工程建设监理中的重要组成部分，是确保质量、进度、投资控制有效进行的有力手段。建筑工程既涉及众多的土建承包商、众多的材料供货单位、业主、管理单位，也涉及政府各个相关部门，相互之间的联系、函件、报表、文件的数量是惊人的。因此，必须建立有效的信息管理组织、程序和方法，及时把握有关项目的相关信息，确保信息资料收集的真实性，信息传递途径畅顺、查阅简便、资料齐备等，使业主在整个项目进行过程中能够及时得到各种管理信息，对项目执行情况全面、细致、准确地掌握与控制，才能有效地提高各方的工作效率，减轻工作强度，提高工作质量。

（三）信息管理系统的作用

第一，为各层次、各部门的项目管理人员提供收集、传递、处理、存储和开发各类数据、信息服务。

第二，为高层次的项目管理人员提供决策所需的信息、手段、模型和决策支持。

第三，为中层的项目管理人员提供必要的办公自动化手段。

第四，为项目计划编制人员提供人、财、物、设备等诸多要素的综合性数据。

（四）建立项目管理信息系统的内部前提

满足项目管理的需要，建立科学的信息系统，其前提条件之一是建立起科学、合理的项目管理组织，建立科学的管理制度，这是根本前提之一。具体地讲，它有如下含义：

第一，项目管理的组织内部职能分工明确化，岗位责任明确化，从组织上保证信息传送流畅。

第二，日常业务标准化，把管理中重复出现的业务，按照部门功能的客观要求和管理人员的长期经验，规定成标准的工作程序和工作方法，用制度把它们固定下来，成为行动的准则。

第三，设计一套完整、统一的报表格式，避免各部门自行其是所造成的报表泛滥。

第四，历史数据应尽量完整，并进行整理编码。

（五）建筑工程项目信息管理系统的功能

项目管理信息系统应该实现的基本功能主要有：投资控制（业主方）或成本控制（施工方）、进度控制、质量控制、合同管理。有些项目管理信息系统还包括一些办公自动化的功能。

1. 投资控制

投资控制的功能主要包括：

（1）项目的估算、概算、预算、标底、合同价、投资使用计划和实际投资的数据计算和分析。

（2）进行项目的估算、概算、预算、标底、合同价、投资使用计划和实际投资的动态比较（如概算和预算的比较、概算和标底的比较、概算和合同价的比较、预算和合同价的比较等），并形成各种比较报表。

（3）计划资金的投入和实际资金的投入的比较分析。

（4）根据工程的进展进行投资预测。

（5）提供多种（不同管理平面）项目投资报表。

2. 成本控制

成本控制的功能主要包括：

（1）投标估算的数据计算和分析。

（2）计划施工成本。

（3）计算实际成本。

（4）计划成本与实际成本的比较分析。

（5）根据工程的进展进行施工成本预测。

（6）提供各种成本控制报表。

3. 进度控制

进度控制的功能包括：

（1）计算工程网络计划的时间参数，并确定关键工作和关键路线。

（2）绘制网络图和计划横道图。

（3）编制资源需求量计划。

（4）进度计划执行情况的比较分析。

（5）根据工程的进展进行工程进度预测。

（6）提供多种（不同管理平面）工程进度报表。

4. 质量控制

质量控制的功能主要包括：

（1）项目建设的质量要求和质量标准的制订。

（2）分项工程、分部工程和单位工程的验收记录和统计分析。

（3）工程材料验收记录（包括机电设备的设计质量、建造质量、开箱检验情况、资料质量、安装调试质量、试运行质量、验收及索赔情况）。

（4）工程涉及质量的鉴定记录。

（5）安全事故的处理记录。

（6）提供多种工程质量报表。

5. 合同管理

合同管理的功能主要包括如下几项：

（1）合同基本数据查询。

（2）合同执行情况的查询和统计分析。

（3）标准合同文本查询和合同辅助起草。

（4）提供各种合同管理报表。

三、建筑工程项目信息决策支持系统

（一）决策问题的分类

决策支持系统解决的问题分为非结构化决策问题、半结构化决策问题和结构化决策问题。

1. 非结构化决策

非结构化决策问题，主要是指决策过程复杂，制订决策方案前难以准确识别决策过程的各个方面，以及决策过程中前后各阶段交叉、反复、循环的问题。对非结构化的问题，一般没有确定的决策规则，也没有决策模型可依，主要依靠决策者的经验。

2. 结构化决策

结构化决策是有确定的决策规则和可供选择的模型，是一种确定型的决策。决策方案都是已知的，决策者借助计算机仅是提高了工作效率，决策时可以依靠决策树及决策表加以解决，这类问题的决策比较容易实现。

3. 半结构化决策

半结构化决策，是介于结构化及非结构化之间的决策。这类问题可以加以分析，但是不够确切，决策规则有但不完整，决策后果可以估计但不肯定，决策者本人对目标尚不明确，也无定量标准，所需信息也不完全、不确切，对事物的客观规律认识不足，因而无法准确描述问题。

（二）决策支持系统的功能

1. 识别问题

判断问题的合法性、发现问题及问题的含义。

2. 建立模型

建立描述问题的模型，通过模型库找到相关的标准模型或使用者在该问题基础上输入的新建模型。

3. 分析处理

按数据库提供的数据和信息；按模型库提供的模型及知识库提供的处理这些问题的相关知识及处理方法分析处理。

4. 模拟及择优

通过过程模拟找到决策的预期结果及多方案中的优化方案。

5. 人机对话

提供人与计算机之间的交互，回答决策支持系统要求输入的补充信息及决策者的主观要求。同时，也输出决策者需要的决策方案及查询要求，以便做最终决策时的参考。

6. 决策修改

按决策者最终决策执行结果并修改、补充模型库及知识库。

（三）决策支持系统的组成

1. 人机对话系统

人机对话系统主要是人与计算机之间交互的系统，把人们的问题变成抽象的符号，描述所要解决的问题，并把处理的结果变成人们所能接受的语言输出。

2. 模型库管理系统

模型库需要一个存储模型的库及相应的管理系统。模型则有专用模型和通用模型，提供业务性、战术性、战略性决策所需要的各种模型，同时也能随实际情况变化、修改、更新已有模型。

3. 数据库管理系统

决策支持系统是基于数据库系统的，并且对数据库要求更高，要求数据有多重的来源，并经过必要的分类、归并，改变精度、数据量及一定的处理以提高信息含量。

4. 知识库管理系统

知识库是人工智能的产物，主要提供问题求解的能力，知识库中的知识是可以共享的、独立的、系统的，并可以通过学习、授予等方法扩充及更新。

5. 问题处理系统

问题处理系统是实际完成知识、数据、模型、方法的综合，并输出决策所必要的“意见”及方案。

第四节　建筑工程项目管理信息化

一、信息化

（一）信息化的概念

“信息化”涉及各个领域，是一个外延很广的概念。不同领域和行业的研究人员在研究“信息化”问题时，往往具有不同的研究角度和出发点，致使“信息化”概念内涵的表述不尽一致。代表性的认识有下列几种：

（1）信息化主要是指以计算机技术为核心来生产、获取、处理、存储和利用信息。换句话说，信息化就是计算机化，或者再加上通信化。

（2）信息化就是知识化，即人们受教育程度的提高以及由此而引起的知识信息的生产率和吸收率的提高过程。

（3）信息化就是要在人类社会的经济、文化和社会生活的各个领域中广泛而普遍地采用信息技术。

（4）信息化是通信现代化、计算机化和行为合理性的总称。通信现代化是指社会活动中的信息流动，是基于现代化通信技术进行的过程；计算机化是社会组织内部和组织间信息生产、存储、处理、传递等广泛采用先进计算机技术和设备进行管理的过程；行为合理性是指人类活动按公认的合理准则与规范进行。

（5）信息化是指从事信息获取、传输、处理和提供信息的部门与各部门的信息活动（包括信息的生产、传播和利用）的规模相对扩大及其在国民经济和社会发展中的作用相对增大，最终超过农业、工业、服务业的全过程。

（6）信息化在经济学的意义上指由于社会生产力和社会分工的发展，信息部门和信息生产在社会再生产过程中占据越来越重要的地位，发挥越来越重大的作用的这种社会经济的变化。

（7）信息化即信息资源（包括知识）的空前普遍和空前高效率的开发、加工、传播和利用，使人类的体力劳动和智力劳动获得空前的解放。

（8）信息化是利用信息技术实现比较充分的信息资源共享，以解决社会和经济发展中出现的各种问题。

（二）信息化的特点

信息化不是一个静止、孤立的概念，它的内涵和特点在不同的历史发展阶段有不同的表现。信息化与信息技术的发展、信息产业的形成、信息产品的涌现、信息市场的完善、信息系统的建设以及信息化社会的出现等现象密不可分。

1. 信息资源日益成为战略资源

信息资源是信息化的基础，开发利用信息资源是信息化的核心内容。随着社会、经济和科学技术的发展，社会信息量不仅急剧增长，还成为现代社会发展的重要支柱和战略资源。

2. 信息技术的发展速度超过了其他任何一类科学技术

信息技术主要是指信息处理技术和信息传输技术。其中计算机技术和通信技术为现代信息技术的核心技术，而微电子技术和信息材料技术则为现代信息技术的支撑和基础技术。

3. 信息产业崛起壮大

随着信息技术的发展和社会经济需求的增长，以信息技术为依托，以生产和提供信息产品和信息服务为主业的新兴的信息产业迅速崛起，不断发展壮大，这是全球信息化的一个突出特点。

二、建筑工程项目管理信息化

（一）建筑工程管理信息化的含义

建筑工程管理信息化指的是工程管理信息资源的开发和利用，以及信息技术在工程管理中的开发和应用。工程管理信息化属于领域信息化的范畴，它和企业信息化也有联系。

我国建筑业和基本建设领域应用信息技术与工业发达国家相比，尚存在着较大的数字鸿沟，它反映在信息技术在工程管理中应用的观念上，也反映在有关的知识管理上，还反映在有关技术的应用方面。

信息技术在工程管理中的开发和应用，包括在项目决策阶段的开发管理、实施阶段的项目管理和使用阶段的设施管理中开发和应用信息技术。

（二）建筑工程管理信息化的发展

自20世纪70年代开始，信息技术经历了一个迅速发展的过程，信息技术在建筑工程管理中的应用也有一个相应的发展过程。

1. 20世纪70年代

单项程序的应用，如工程网络计划的时间参数的计算程序，施工图预算程序等。

2. 20世纪80年代

程序系统的应用，如项目管理信息系统、设施管理信息系统等。

3. 20世纪90年代

程序系统的集成，它是随着工程管理的集成而发展的。

4. 20世纪90年代末至今

基于网络平台的工程管理。

目前，计算机在建筑工程项目信息管理中起着越来越重要的作用。计算机具有储存量大、检索方便、计算能力强、网络通信便捷等优点，因此可以利用它来帮助管理人员管理工程项目，也就是用项目管理软件“辅助”管理工程项目，形成建筑工程项目管理信息系统，从而使建筑工程项目的信息管理更加富有成效。

（三）推进建筑工程管理信息化的重要作用

1. 帮助建设单位做好战略规划

建设单位只要分步骤、高标准地做出相关战略规划，并搞好预算管理、生产监控、项目管理以及资金管理等诸多环节的信息化建设，就可以围绕自身的核心业务建立各种各样的主题数据库、数据模型、功能模型、信息体系结构模型等，进而帮助建设单位做好战略数据规划。

2. 促进单位全面管理施工过程

建筑施工过程广泛涉及各个环节、各个相关单位及部门等的相互协作。如果建设单位没有办法全面管理施工过程，就会很容易导致资源交流、信息交流的延误。而使用信息技术推进建筑工程管理信息化，则可以比较成功地解决该问题。通过电子交流方式使施工管理更加快捷、方便；利用摄像头则能够做到实时监控、管理建筑工程现场施工过程等，从而在建筑工程施工管理中深入信息化建设，加强全面管理。

3. 有效降低建筑单位成本

在建筑工程活动中，使用信息化的计算机技术是非常有必要的，其可以在一定程度上降低建筑单位的成本。建筑工程在使用材料的过程当中包含采购的环节，如果可以借助信息化的网络平台，就能够有效增加建设企业的供应商数量和承包商数量等各种信息，还能大幅提高建筑工程材料价格的合理度以及对质量的要求，并对合作企业的信誉和供货信息等都具有一定的了解。为保持双方的长期合作，可以采取一定的措施降低采购成本。

在建设企业施工的过程中，通过信息化管理能够对合同进行有效管理，对建筑工程的预算成本以及施工现场的管理与财务管理都可以进行有效地控制。建设单位既可以在一定程度上降低工程成本，并根据建筑企业的成本做出合理的预算，又能够根据合理的预算对建筑工程的施工情况及进度进行规划，有效避免了工程高成本风险的增加。

（四）建筑工程管理信息化意义

1. 有助于提升工作效率

建筑行业在经济发展的过程当中得到了大幅进步，建筑工程逐渐向着多元化、规模化方向发展，这就导致建筑工程管理涉及的内容越来越多。例如，对于工程的进度管理、安全管理以及质量管理等，都包含很多内容，信息量非常大。如果以传统的管理措施对建筑工程各个项目、各个环节进行管理控制，庞大的工作量以及繁重的管理任务势必会影响管理效率的发挥。在新时期，有效应用信息计划，把管理工作通过信息技术来进行，管理工作就能够变得高效、便捷。在建筑工程管理过程中，使用信息化技术，能够促进建筑工程管理朝着科学化以及系统化发展。

2. 重新优化管理程序，完善管理

信息化需要以精细化管理作为重要基础来进行，这就需要对管理流程进行重新构建，优化资源配置，完善管理流程，进而使管理工作更加科学。建筑工程信息化管理，能够为完善的信息系统的构建奠定坚实基础，呈现出良好的管理效果。完善管理系统，提高企业信息化管理水平，进而提升企业竞争实力，才能促进建筑企业的可持续发展与长远进步。

三、建筑工程项目信息化建设

（一）提高对信息化管理的认识

建筑工程管理人员，甚至是相关领导对信息化管理认识模糊肤浅，不了解建筑工程管理信息化对自身的重要性，会直接影响建筑工程信息化管理的发展。所以，若要加强建筑工程管理信息化建设，应当提高建筑工程管理人员对信息化的认知，使其充分了解建筑工程管理信息化建设可以将许多有价值的信息进行综合，便于管理决策及建筑工程项目运作过程中的各个环节的实施。

只有提高建筑工程管理人员对信息化的认识，才能够促使其运用计算机等信息技术方法提高建筑工程管理的水平和效率。建筑工程企业的领导也应当更新观念，充分认识到只有抓好建筑工程管理信息化建设，才能够提高建筑工程管理的工作效率。企业应该争取给予政策、资金、技术方面的支持，与专业的公司共同努力开发出方便实用的管理软件，充分协调网络建设步伐，满足建筑工程管理人员的需求。

（二）构建工程管理信息化系统平台

工程管理信息化系统平台，主要是指在建筑项目施工现场建立项目工程部、施工单位、监理单位和勘察设计院为代表的计算机局域网络和联结上级领导部门、兄弟单位以及互联网的广域网，以此来确保各个参与建筑工程的单位之间、上下级之间可以实现信息的传输和共享，从而提高管理的效率。

管理信息化平台可帮助实现建筑企业管理的信息化、规范化、流程化、现代化。该系统应当包括建筑设计、施工、制造、安装、调试、运营等过程，涉及办公、合同、财务、设备、物资、计划等环节，是一个需要企业各个部门密切配合的系统工程。工程管理信息化系统的建设相对复杂并具有相应的难度，建筑企业应根据建筑工程管理的需求，提出整体的框架，在整体框架下，解决各部门具体的需求，同时选用对建筑管理业务比较熟悉，并有丰富经验的单位来帮助建设。

首先，工程管理信息化系统的建设，需要配备相应的诸如计算机网络系统和配备服务器和网络工作站等硬件环境；其次，可以利用电子公告板、会议治理系统等共享信息系统，给工作人员提供有效的信息沟通渠道；再次，集中治理图纸、文件、资料等文档，保证文件资料的充分共享，规避重复现象；最后，采用集中与分布式相结合的方法，建立中心工程管理数据库和各管理部门分布数据库。

（三）采用相应的建筑工程管理软件

建筑工程管理过程中使用相应的建筑工程管理软件，可以优化管理过程，提高管理水平。建筑工程管理软件包含了对人、材、机、资金等生产要素的管理，能够对建筑工程进行实时跟踪并控制建筑工程的成本、资金、合同、进度、分包、材料等各项环节。建筑工程管理软件的有效运用，是实现建筑工程信息化管理的最佳方案，还能够有效实现工程数据信息化、施工流程规范化和领导决策科学化。建筑企业可以选用包含着人员、材料、机械、承包、分包、财务等内容的管理模块，有计划、合同、进度、结算等内容的项目控制模块，以及有施工日志等功能的软件来进行实时准确的工程核算，做好计划与实际的盈亏分析工作，保证建筑施工过程的权责明确，明确资金的来龙去脉。

（四）发展工程管理信息化人才队伍

人力资源是企业经营管理的基础，建筑工程管理信息化建设同样也需要大量人才作为后盾。建筑工程管理信息化建设的加强，迫切需要一大批既懂得建筑工程管理，又掌握信息技术的复合型人才队伍。企业可以通过制订相应的政策，采取各种有效的形式，进行相关培训，提高工作人员的计算机应用水平，培养出适应建筑工程管理信息化发展所需的人才，成立相关的信息技术开发和应用团队，以满足建筑工程管理信息化的需要。

参考文献

[1] 曾新荣 . 建筑装修工程项目经理的自我修养 [M]. 广州：华南理工大学出版社，2021.

[2] 丁洁，杨洁云 . 建筑工程项目管理 [M]. 北京：北京理工大学出版社，2016.

[3] 高云 . 建筑工程项目招投标与合同管理 [M]. 石家庄：河北科学技术出版社，2021.

[4] 郭荣玲 . 建筑工程项目经理工作手册 [M]. 北京：机械工业出版社，2019.

[5] 李红立 . 建筑工程项目成本控制与管理 [M]. 天津：天津科学技术出版社，2020.

[6] 李志兴 . 建筑工程施工项目风险管理 [M]. 北京：北京工业大学出版社，2021.

[7] 梁勇，袁登峰，高莉 . 建筑机电工程施工与项目管理研究 [M]. 文化发展出版社，2021.

[8] 刘树玲，刘杨，钱建新 . 工程建设理论与实践丛书 建筑工程项目管理 [M]. 武汉：华中科技大学出版社，2022.

[9] 刘先春 . 建筑工程项目管理 [M]. 武汉：华中科技大学出版社，2018.

[10] 刘晓丽，谷莹莹 . 建筑工程项目管理 [M]. 2 版 . 北京：北京理工大学出版社，2018.

[11] 陆总兵 . 建筑工程项目管理的创新与优化研究 [M]. 天津：天津科学技术出版社，2019.

[12] 吕珊淑，吴迪，到县胜 . 建筑工程建设与项目造价管理 [M]. 长春：吉林科学技术出版社，2022.

[13] 马红丽 . 建筑智能化工程项目教程 [M]. 北京：北京理工大学出版社，2022.

[14] 潘智敏，曹雅娴，白香鸽 . 建筑工程设计与项目管理 [M]. 长春：吉林科学技术出版社，2019.

[15] 庞业涛，何培斌 . 建筑工程项目管理 [M]. 2 版 . 北京：北京理工大学出版社，2018.

[16] 蒲娟，徐畅，刘雪敏 . 建筑工程施工与项目管理分析探索 [M]. 长春：吉林科学技术出版社，2020.

[17] 任雪丹，王丽 . 建筑装饰装修工程项目管理 [M]. 北京：北京理工大学出版社，2021.

[18] 唐艳娟，倪修泉，王晓军 . 基于 BIM 的建筑工程项目管理分析 [M]. 成都：电子科技大学出版社，2019.

[19] 王会恩，姬程飞，马文静 . 建筑工程项目管理 [M]. 北京：北京工业大学出版社，2018.

[20] 谢晶，李佳颐，梁剑 . 建筑经济理论分析与工程项目管理研究 [M]. 长春：吉林科学技术出版社，2021.

[21] 谢珊珊，张伟 . 建筑工程项目管理 [M]. 杭州：浙江工商大学出版社，2016.

[22] 姚亚锋，张蓓 . 建筑工程项目管理 [M]. 北京：北京理工大学出版社，2020.

[23] 尹素花 . 建筑工程项目管理 [M]. 北京：北京理工大学出版社，2017.

[24] 袁志广，袁国清 . 建筑工程项目管理 [M]. 成都：电子科学技术大学出版社，2020.

[25] 张迪，申永康 . 建筑工程项目管理 第 2 版 [M]. 重庆：重庆大学出版社，2022.

